回归建筑本源

周琦　著

中国建筑工业出版社

图书在版编目（CIP）数据

回归建筑本源 / 周琦著 . —北京：中国建筑工业出版社，2017.11

ISBN 978-7-112-21369-6

Ⅰ.①回… Ⅱ.①周… Ⅲ.①建筑学—研究 Ⅳ.①TU-0

中国版本图书馆CIP数据核字（2017）第256559号

责任编辑：郑淮兵 陈小娟
责任校对：芦欣甜 李欣慰

回归建筑本源
周琦 著
*
中国建筑工业出版社出版、发行（北京海淀三里河路9号）
各地新华书店、建筑书店经销
北京京点图文设计有限公司制版
环球东方（北京）印务有限公司印刷
*
开本：880×1230 毫米 1/32 印张：6¾ 字数：137 千字
2018 年 1 月第一版 2018 年 1 月第一次印刷
定价：30.00 元
ISBN 978-7-112-21369-6
（31085）

序　言

山不在高，有仙则名；水不在深，有龙则灵。此书虽小，意境犹新。

作者周琦，1978—1982年就读于南京工学院（现东南大学）结构工程专业，后因对建筑艺术的热爱转到建筑系，进入我的门下，攻读建筑学硕士学位。留校任教后又寻求机会赴美国伊利诺伊理工学院攻读博士学位，这些求学经历使其在建筑艺术与建构方面得到进一步融合。学成后仍回东南大学任职，现为教授、博士生导师，在建筑理论与实践方面均有不少建树。这本小书就是他近期对建筑现象的一些评论，既反映了他对当前建筑的观点，也是对社会公众的一种宣传。

本书的特点表现在以下几方面：其一是文章简短，反映了其言简意赅的风格。大问题能抓住核心，阐明要害，突出本质，理出思路，以供读者参考。小问题则能一针见血，指出问题，不故弄玄虚。其二是书中文章牵涉范围甚广。大到城市化，小到建筑遗产改造，都有评论。虽不能详尽其言，但亦能表述其观点思路，不致无的放矢，对有关方面亦能有参考作用。其三是在对建筑艺术的态度上，既不墨守成规，也不追赶时髦，不跟风随潮强调一些空幻怪诞的形式，而是从本质上来解剖建筑的实质，这是非常难能可贵的。其四是在对待建筑遗产的态度方面，既重视古代建筑遗产的保护，也重视对近代建筑遗产的保护与利用，这是比较尊重现实的方法，对经济与社会创新均有裨益，同时也比较切实可行。

以上是本人阅读书稿后的一点感受，现应作者之请，权作此书之序，以供读者参考。

刘先觉

东南大学建筑学院教授

博士生导师

原南京市近现代建筑保护

专家委员会主任委员

2017年3月26日于南京

目 录

序 言

城市研究

从历史角度看西方城市化的尺度与布局 2

中国城市化的尺度与布局 7

广袤农村的城镇化趋势

——以湖南省新宁县为例 12

新“县城”诞生记 16

建筑评论

论“奇奇怪怪”的建筑

——新常态下的建筑原则 22

再论“奇奇怪怪”的建筑

——中国城市与建筑的现代性 28

三论“奇奇怪怪”的建筑
——建筑的民族性、地方性与多样性 35
“山寨建筑”暴露文化危机 43
越来越高，越高越好？ 47
中外建筑师的此消彼长 52
设了一个计：陷阱还是荣耀?
——央视新大楼参观随想 55
西方建筑师在中国
——从中国美术馆新馆的竞标说起 59
传统建筑学的现代意义
——祝贺吴良镛先生获国家最高科学技术奖 66
工作室教学法
——建筑学训练的根本之路 69

历史遗产

历史遗产与现代生活 74
城市建筑遗产保护中的“左”与“右” 80
复古，怀旧，还是时尚？ 84
旧瓶与新酒 88
从老厂房到新街区 93

《我在总督署说古建》序言 98
说经典 102
当代中国低密度住宅设计中传统与现代的矛盾性
——以九间堂为例 110
历史建筑保护中的设计问题
——南京大华大戏院维修改造工程 119
建筑的复杂性和简单性
——建筑空间与形式丰富性设计方法探讨 128

建筑史论

中国近代建筑师和建筑思想研究刍议 150
论从史出 177
形，说不可之说 197

城 市 研 究

从历史角度看西方城市化的尺度与布局

城市化是个综合的论题。其中经济发展、人口和生产力等社会学层面问题如核桃的仁，建筑学及城市规划层面的问题是核桃的壳（费孝通先生和齐康先生在20世纪90年代提出来的），两者是互动关联匹配的。我们以下讨论的问题主要集中于城市化问题的壳，即城市化的硬件和载体：他们在微观上是建筑本身，放大后是城市化角度的建筑群和街区，全局角度看是城市化的尺度和布局。以下我们将先从历史的角度分析西方城市化的尺度与布局，而后指出我国城市化布局中需要注意的问题。希望这样的讨论能够对正确而全面地认识城市化问题有所帮助。

城市化是一个热词。不仅政府会讨论城市化发展问题，普通人的日常生活也不知不觉参与其中。知其然，知其所以然。首先让我们从城市化的尺度与布局角度回顾一下西方城市化的经验，希望能够前瞻性地全面认识当今中华大地如火如荼的城市化问题。

西方世界城市化的进程至今大概有200年历史，最早发端于欧洲，是文艺复兴及工业革命的产物。16世纪末17世纪初起，在社会经济由手工业和农业向工业转变过程中，欧洲国家形态从中世纪封建制度分散的小公国积聚成具有相对完整城市形态的资本主义国家。真正的城市化则是在产业革命后，从18世纪中叶蒸汽机的发明开始到20世纪50年代这200年中，大城市开始形成、发展并逐渐稳定。据不完全统计，在这个阶段，西欧各国、美国等发达国家的城市人口比例由最初的20%发展至80%。例如欧洲的伦敦和巴黎，还有美国纽约等典型城市出现在历史舞台上，并在1950年后逐步稳定，需要补充说明的是，在其后也小范围地出现了城市化衰退的问题。

以上是历史发展，下面说说城市化的尺度和布局。西欧国家的城市小，人口少，最初自发的城市化发展主要有这两个方式：一是围绕政治或文化中心来布局；二是在工业等产业发展集中后的扩张。自由市场经济带来的城市化发展是无规划的，盲目城市化策略也带来一些问题。比如发生于1666年的伦敦瘟疫和1871年的芝加哥大火都反映出盲目城市化所带来的严峻问题。产业工人集中居住于城市，但城市的基础建设并未跟上，当时的伦敦像极了当今的印度城市，棚户区大量存在，卫生、交通等问题突显。人们在初尝城市化带来的便捷生活的同时，也不可避免地体会到城市化的弊端。

最早是英国学者在20世纪初从国家战略层面提出了关于城市化的理性思考：卫星城镇，有机城市。即大城市和中小型城市形成一种卫星状的地理布局。城市并不是连成片，大城市和其他中小型城市之间是几十公里到几百公里的农业或绿化用地，通过公路或铁路连接。整个国家形成一个有主中心、副中心，呈不同尺度的网状分布状态。这种卫星城市的布局方式影响了 20 世纪大部分发达国家和发展中国家的城市规划方向。但由于英国经济发展停滞，原有城市仍是摊大饼状况，并没有多大改观。反而此模式在一些殖民地国家和发展中国家得以推广，比如巴西和阿尔及利亚等。但由于市场经济的自由发展属性，政府的指导能力有限，大部分国家的卫星城镇规划并没有得到完善的实现,大部分处于纸上谈兵的状态。尤其在英国，依旧是大城市规模巨大，城市功能完备，不像美国出现典型的放射状卫星城布局。

但是，理想城市化模型并不是完美的。20 世纪在美国出现了由城市化带来的大问题，导致了后来的城市复兴运动。卧城就是美国在城市化过程中遗留下来的病态的卫星城。美国地广人稀，城市化初期，大城市周围的城镇在中心城市城市化的发展过程中成为居民的首选居住地。卧城没有任何大型工业布局，人们在城市中心工作，每天驾车往返于城市中心和周边的城镇，美国密集的高速公路网成为连接工作和生活的必需。这是美国的特色，美国也被称为车轮上的国家。这种城市化状态在 20 世纪八九十年代遇到了挑战，石油危机使能源变得更加珍贵，汽车的大量使用也带来了环境污染的问题。人们开始思考这样的卫星城市是否适合美国城市化道路。

于是出现了城市复兴运动。卫星城市开始衰落，大中型城市的活力如当初城市诞生时那样再次被激活。在城市复兴运动中，除了原有的商务功能外，中心城市的居住功能不断被强化。年轻一代开始选择回归城市生活，住在城市里面的公寓中。近几十年在美国新建的高档公寓也不断出现，形成一个新的建设热点。城市复兴运动是趋势，但没有形成规模，仅仅是少数人群的局部现象。城市复兴运动的星星之火没有燎原的根本原因和当下大家关注的汽车城底特律衰败的原因是一致的，创造就业的产业被不断转移到国外，城市本身的发展潜力被削弱。城市自身发展都难以维系，又何谈城市复兴呢?

基于全球城市化发展的情况，分析城市化的尺度和布局是我们思考城市化的第一个方向。尺度是由该城市和所在国家的基本条件所决定的，国家规模、人口密度和分布、历史原因和经济原因等，布局是在历史过程中形成的已有的城市化形态和趋势。

回顾一下，欧洲以大中型城市为主，摊大饼式的扩张，城市尺度较大，在布局上卫星城和农业相对萎缩。美国的特点是大中型城市尺度不够大，仅有纽约、洛杉矶等几个城市是超大型城市，低密度的田园式城镇是主要的城市面貌。适合中国学习的样本是欧洲和日本：因为他们的大中型城市功能非常强大，人口相对集中，这和中国的现状吻合。中国因可耕地数量有限，单位面积人口压力大，决定了城市化道路必然就是这个方向。我们对大城市的态度要有所保守，不能放任大型城市无限度地扩张；在城市建设细节中要学习日本，尤其要注重土地有效性的问题。

（本文原载于《建筑与文化》，2013 年第 5 期）

美国芝加哥天际线

（图片来源：东南大学周琦建筑工作室。周琦绘制）

中国城市化的尺度与布局

我们讨论中国城市化发展的思路，第一步是了解世界城市化的历史，可以从美国和欧洲两类国家模型中吸取经验和教训；第二步要庖丁解牛，将中国数量众多的城市分门别类，依据不同的城市规模和特点制定符合中国国情的城市化发展之路。

我认为中国城市化要遵守的最高原则是土地至上原则。在大城市建设和农村城镇化进程中，一方面控制住大城市的规模，集约化高效发展；另一方面农民在向城镇居民转变的过程中，大量宅基地和低效可耕种土地被整理出来，用作绿化和森林用地。

期待若干年后中国城市化的成果是，中国的可耕地面积得到增加；家庭农场等规模农业得到发展，农业土地效益得到提升；大中型城市版图扩张得到遏制；生态型绿色土地面积大大增加，生态环境得到保护，土地沙漠化等问题得到解决。从高空俯视，绿色多元的土地围绕在一个个发达的城市外围，作为城市间的缓冲，起到城市肺泡的作用。沙尘、雾霾等污染与城市绝缘，阳光、蓝天与城市为伍。小城镇错落分布，与农业或其他经济发展需求适应。人们将在生态友好型的环境中安居乐业，有匹配的基础建设，便捷的交通网络，居住、工作、休闲有机联系。

城市化的核心方法是要区别对待不同层级城市的发展，争取城市发展合理、提升可耕地总量、加强土地有效性。最终达到提高人们生活质量和水平、稳固国家综合实力的目标。

中国的行政区划是将国土划分为23个省、5个自治区、4个直辖市和2个特别行政区，共34个省级行政区。但是在看待城市化的问题时，我建议改变划分标准，结合中国的军备力量管理分区，按特大城市、区域大中型城市和乡镇三个层级来分析。

第一层级是特大型城市，即中国国家政治经济文化中心，北京、天津、上海，加上重庆，分别是华北、华东和西南这三个区域的核心，在未来必将发展成为中国城市金字塔中的顶层——特大型城市。特大型城市的经济和政治核心功能要得到加强，但在人口密度和土地规模的维度上不能盲目扩大。如何做到呢？基于现在的城市尺度，采取集约化的土地使用方法，在立体城市概念下发展城市交通系统、电力水利系统和生态节能系统。不是平铺，千万不能将城市化片面理解为城市无限度扩张。香港、东京和新加坡等亚洲大型城市在这方面是值得我们学习的，尤其是城市尺度较小但人口密度极高的东京。日本一亿多人口中有3000多万人分布在东京，有数据显示，东京在占地30000平方公里左右的土地上有超过500个人口密集居住点，但其交通网络布局和基础市政建设非常有序，城市的规划和管理水平可见一斑，是大城市规划和管理的典范。

这里需要强调一个数据：3000 万人。在全世界城市化的进程中，事实证明城市人口数量到 3000 万人已经是一个上限。城市发展应练好内功，重新整合城市土地和市政资源，建立立体交通网络、集成基础设施，向空间、向立体、向综合性利用方向发展，注重生态，注重环境，注重集约化效率。

第二层级是区域性的核心城市。可按东北、华北、西北、华南、华东、西南划分区域。国家在整体上考虑问题，真正落地的城市化操作是落实到以省为单位的。其中国家层面上需要协调的是交通网络、能源分布、经济平衡发展等大方向，以省为单位落实城市化具体的目标、进程和细节。

中国的省份，面积和人口与欧洲的一个国家类似，这说明中国城市化的规模不小。同时城市化要有整体和局部的配合，区域核心城市的城市化不仅要考虑省内核心城市的城市化建设问题，还需要肩负起在中国整体城市发展中的责任。

以江苏省为例，谈谈南京市城市化尺度和布局的关系。首先，作为江苏省政治经济文化中心的省会城市，其人口规模不宜超过 1000 万，如南京目前粗算有 800 万人口，还在合理的区间内；其次，独有中国特色的省会城市南京是一个城乡一体化的概念，六合、高淳、溧水都是南京这个城市的附属区县。大南京概念下的附属区县，不应该完全是大城市的集中居住区。以城市中心带动郊区发展，有农业、工业、商业和文化布局发展，是复合型的区域。这是有机的城市形态。

有机城市形态，是基于历史和传统的，是自然生长和发展而来的，相互关系是良好的，要内外交错，功能叠合，分布合理。有机并不意味着城市可以自发生长，而是利用以上特点，加以主导、规划和梳理。一方面自然有机指导，另一方面依靠政府的行政手段指导，这是中国进行城市化建设的优势。

在有机城市形态的概念指导下，我们重点分析一下在华东经济较发达区域的城市化尺度。例如，江苏省内城乡一体化进程中，一级尺度是以确立区域中心城市的发展核心，比如南京、苏州，或者徐州，弱化省会城市的概念，平衡多个区域中心城市共同发展。这样一个省内将会有若干不同经济发展方向的有机城市，可以平衡省会城市资源过度集中的现况。二级尺度是下一级城市，如三线城市或者核心城市的附属区县，策略是以城市为中心带动郊县发展。如果大南京城市人口尺度控制在 1000 万以下，南京核心城区人口应该在 500 万左右才合理，六合、高淳和溧水等附属区县承担剩余 500 万人口的生活及就业，每个城市大概百万人口。这样的城市不像核心城市那样庞大拥挤，8 ~ 10 公里的范围就满足人们生活工作的全部需求。三级尺度是现在数量众多且分散的乡镇。城市化进程不仅不能以现在的行政区划来扩大现有乡镇，还需要大量的合并。每个乡镇大致有二三十万人口，其面积 600 平方公里左右，其内部可以星罗棋布多个中心，3 ~ 5 公里是乡镇居民的活动半径。除了保留有特色遗产的村庄外，其他村庄就会逐步消失。以上的乡镇级别也是国家城市化尺度的第三个层级。

中国的城市化有非常好的前景，因为我们有良好的政治优势，我们有后发制人的条件，我们有西方国家的经验和教训，我们有一定的市场经济的发展规模。所以，我们有实力和信心期待未来更美好的城市。

（本文原载于《建筑与文化》，2013 年第 6 期）

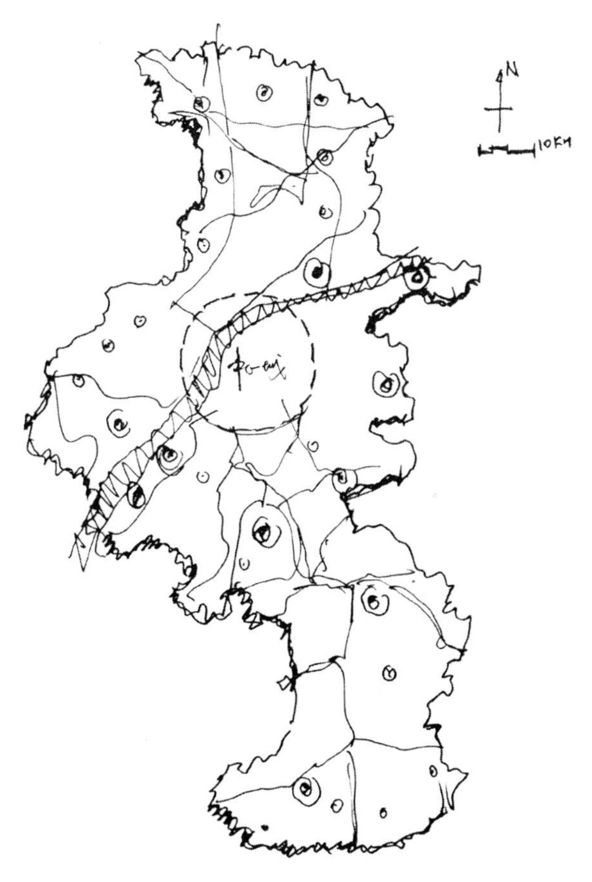

南京市城镇体系总体规划

（图片来源：东南大学周琦建筑工作室。周琦绘制）

广袤农村的城镇化趋势

——以湖南省新宁县为例

城镇化不仅仅发生在我们熟知的大中型城市，在中国广阔的农村土地上，城镇化也在以另外一种形式深刻发生着。广袤农村城镇化现象是更有研究价值的对象。近期我们对湖南乡土考察就是带着这样的目标，不单单是发自建筑角度的观察，更希望能够以城镇规划高度甚至以经济发展的角度说明城镇化发展在农村的趋势。

以湖南省邵阳市新宁县为例，这个县城位于湘西南边陲，东连东安，西接城步，南邻广西全州、资源，北枕武冈、邵阳。全县总人口 60.4 万，其中汉族占 97.35%。现辖 18 个乡镇，聚居着汉、瑶、苗、壮、侗、回等 14 个民族。县境东西直线距离 84.3 公里，南北直线距离 73.8 公里，总面积 2812 平方公里。这个县城以农业为主要经济形式，地貌形态综合，素有“八山半水一分田，半分道路和庄园”之称。境内崀山国家级风景名胜是世界少有的典型的仙霞地貌景观。这个湘西小城的城镇化进程可以成为我们研究农村城镇化发展的一个案例。

城镇化趋势的内部躁动在湖南小县城新宁县表现得极为明显。新宁县城近年发展迅速：县城的面积急速扩张，越来越多的土地变成商业、工业用地或者住宅开发用地。小县城的新建商品房都仿效大城市的外观造型，县城居民和乡镇常驻居民的最大梦想都是搬进这样和大城市一样的高楼大厦中生活。县城土地和人口急速扩张，农民远离土地的生活方式，必然的结果就是乡镇和村落的衰落。现在我们从土地经济角度，来分析这个结果产生的必然原因。

农民以土地为生，这是千百年来颠扑不破的真理。可是在近年的中国农村，单靠土地耕种已经不能让农民安居乐业。虽然国家对农业给予免赋税制度，但是在城镇化、工业化的影响下，农民能够在城市找到更多的劳动机会，相比每年辛苦地从土地上获得每亩千余元的收益，出门打工变成更有价值的劳动方式。农村土地的经济价值，不论从流转效益还是耕种效益中，都产生不了与进入城市打工相平衡的价值回报。在新宁县，年轻人都去广东或者沿海经济发达的地区，进入工厂做流水线工人。比如富士康每月 3000 元左右的收入，去除基本开销，每人每年可以有 20000 余元的积蓄。而在家里种地，一亩地辛苦劳作后的收成仅仅是千余元，每户按 5 ~ 6 亩土地来计算，也才仅仅是进城打工收入的四分之一。

城镇化在农村的发生涉及三个层级的行政管理单位：县城、乡镇和自然村。三个层级在城镇化潮流中的变化趋势不尽相同，不是一荣俱荣，而是资源和人口的集中导致县城无序无节制地扩张，乡镇和自然村无情衰败。如果在此时完全自发的城镇化发展中没有任何政府以及学界的规划指引，就会影响城镇化目标的实现。

我的观点是：以县城为单位，倡导家族式农场经济模式，将分散在每户的土地合并整理，原本小规模低效率农业升级为百亩以上的农场经济模式。一方面将人口向县城集中，县城方圆25公里可以集中40万~50万人口，积极发展第三产业和服务业；另一方面县城外的农业土地集中耕种效率收益增加，同时伴随村镇宅基地面积减少，土地量和土地农业产出率齐升，农业问题得以缓解。县城成为兼顾规模和效率的小微城市，县城外以农场化农庄经济促进农业发展，这样的城镇化才是当下中国城镇化发展之道。

但当下农村城镇化发展之路自发性较强，必须清醒认识到以下几个问题。第一，要关注和保护有价值的古村落。宝贵原始的村落村庄、宅基地和民居等自然遗产的衰落状态不可避免。因为原本慢节奏的家族式的以土地为生命的土地经济被摆脱后，与其相适应的建筑和村落布局也失去了使用价值。可能恰恰因为是欠发达，新宁县仅存的几个保存有历史文化价值的村庄已经岌岌可危，无人居住无人打理。积累百年的传统建筑文化精髓就在风雨中飘摇，无人问津，但还不至于被拆被毁，现在提出保护还来得及。第二，要合理引导乡镇和村落合并，乃至逐渐被新的模式代替。乡镇乃至村庄经济被家族式农场经济模式下的一个个有特色的农业体取代是必然趋势，原本位于农村三级管理层集中的金字塔顶级单位的县城跃升成为最小的城市细胞，也将是中国城镇化中的最基本单位。如何将人口在

40万～50万的县城在城镇化进程中发展为小而精的城市，如何在方圆50公里左右的县城区域内将农庄经济发展带入正轨，这都是必须仔细思考并践行的农村城镇化的问题。

（本文原载于《建筑与文化》，2013年第7期）

新“县城”诞生记

当下版本的县城，是随着中国城镇化进程迅速发展，缺乏规划性的农村的最高级别行政管理中心。县城沿袭百年农业化国家的特点，没有工业布局，青壮年劳动人口都流动到大城市工作，留守老年和少年人口不足以支撑县城发展。

未来版本的新县城，也许应该是这样的：在原有行政规划的基础上，方圆50公里的辖区内生活着50万左右的人口，在人口数量和面积上等同于大型城市的一个区。县城不仅是适宜居住的区域，在城市基础设施上与大城市类似，有良好的医疗和教育资源，同时更是一个集合多种产业发展的沃土，有强劲的服务业为支撑，为这50万左右的人口提供良好的各项服务。当然，这样的人口规模和区域面积大小只是典型的中国东南和中部地区高密度的状况，其他地区的规模和大小还要因地制宜。

这样的县城，也一定要有与之相匹配的农业经济模式——农庄农场式经济。乡镇与县城的功能重合，日渐式微退出历史舞台。大面积可耕种的土地被有效的新农业形式整合，原本散落在每户农民手中的土地集中到几个大型或者中等规模的农场经营者手中。这与日本农户的精细化农业不同，而是类似美国、加拿大的农业形式。如此，新农业技术普及、农业产业化发展得到有力推动。县城是农村人口城镇化的聚集地，农场经济下的村庄是人口城镇化后土地有效流转增值的下一级单位，乡镇慢慢在城镇化进程中消失。

以上清晰讲述了“县城——农庄农场式经济模式”未来在中国的发展，这也是中国城镇化浪潮下可行的方案。想象一下未来的新县城生活：县城里面的住宅舒适先进，和大城市没有区别。周边基础物业和设施齐备：出门有大中小型超市购物，美容美发美甲一应俱全，家具建材市场每个县城都有分店，各种连锁餐饮遍地开花。县城中的生活与大城市几乎无异，大城市仅是在规模和繁华程度上略胜一筹。

新县城的城市化应注意以下四点：

一、县城布局。需要在建设规划中将旧城改造保护与新城建设有机区分开来。新城不能盲目学习大城市那样建设超高标准的基础建设，一定是结合当地经济特点的合理规划。

二、县城经济。新县城需要有合理的产业规划，服务业是未来非常重要的产业发展方向。因为新县城是人口聚集的居住中心，在合理产业布局下建设新城是最有效的发展之道。发展基于农业的深加工产业和能源产业是主要的工业形式。

三、尺度限制。原来的县城核心区域至多方圆 2 公里。新城规划建设后，县城的范围可能扩大至方圆 10 公里，但是不论是街道还是建筑本身，都不适合求大求全。适合的尺度，合理的发展，才是倡导发展最佳的态度。

四、地方性问题。一方面要保护县城中宝贵的历史遗迹，另一方面要在未来发展方向上追溯并保护其地方性的渊源。一个区域的地理条件、人口分布和密度、经济形态、文化传统是造就地方性的四个因素。不发达地区地方性保护良好，发达的城市千人一面，原因何在？就是因为封闭的不发达地区受外来文化影响小，人口迁徙速度慢导致文化传承保护好。而发达的城市都是在一个模子下的同质化发展，趋同性不可避免。

中型以上的城市，城市化面貌千篇一律。从深圳到哈尔滨，城市已然没有明显的特点。这件事很可怕。在城镇化的推进过程中，现在把关注点放在县城这个级别上，我们必须强调地域特征、地方性，强调它的文化性。这一个方向大有文章可以做。

趋同也许是一个不可避免的方向，城镇化中的各种发展不可避免地朝向一个趋势。这是一个值得探讨的问题。那么，又该如何保护地方性？

首先，要从人口、资源分布和自然环境等诸多方面进行不同的城镇规划和细节设计。因地制宜地从规划高度建立城镇化的差异性。例如华东平原和湘西，由于历史文化、地理地貌、人口组成的不同，应该演变出不同的县城面貌。

其次，在建筑技术本身要找准并发扬优点。如我们熟悉的福建民居、藏式建筑，这些建筑形式和技术的保存发扬就是地方性得以传承的最好案例。要善于利用地形地貌、水流风向、地方材料、工艺技术等建造适合当地的特色建筑，在生态化和市场化之间找到一个平衡点。避免千人一面的趋同，发扬新县城的活力，让大部分的农村人口安居乐业于自己的故乡，让土地效益得到最大化地释放，这才是我们为之努力的新县城城镇化的真谛所在。

（本文原载于《建筑与文化》，2013 年第 8 期）

江苏省灌云县新城

（图片来源：东南大学周琦建筑工作室。摄影：周琦）

建筑评论

论“奇奇怪怪”的建筑

——新常态下的建筑原则

改革开放 30 年以来的中国经历过一个高速的发展时期，城市化进程的快速推进以及城市尺度的大规模扩张催生出巨大的建设总量；这种爆炸式的发展和城市的迅速扩张不论是在建筑史上，还是在人类历史上，都是少有的。在这个发展时期里，中国的城市和建设取得了令人瞩目的成就，城市规划、市政建设、基础设施建设，以及城市的中心区、居住区、商业区、工业区等功能区域都获得了极大的发展。改革开放以来的这种大规模建设所表现出的高速度、高效率和高建设量是前所未有的，但诸多问题也随之而来。这些问题是多方面的，具体存在于城市规划、城市管理、建筑美学、文化与传统（或者说传统的传承与发扬）、生态保护、居住及建筑环境等方面。

目前,建筑的形式问题正处于比较热烈的讨论状态中。各个地方，比如我们的首都北京，就出现了很多引起争议的建筑。这些建筑中既包括一批优秀的、原创的设计，也包括一些造型奇特、尺度巨大、给原有城市肌理带来强烈冲击但与环境不协调的建筑。除此之外，就是一些凭借具象的、世俗的造型元素来表达建筑形式的所谓“比较恶俗”的建筑，以及大量的模仿、抄袭之作。造成那些具有负面形象的建筑的原因很复杂，但是可以肯定地说，相对短暂的建设周期是制约我国建筑向更高层次迈进的重要因素——过多的设计任务与时间上的催促令设计公司没有条件花太多精力去推敲方案，业主对于快速完成项目的迫切之情也在一定程度上促成了建设周期的缩短。以高层建筑为例，在西方发达国家，它的建设周期一般为八到十年，而中国呢？很多情况下从设计、规划、建设到完工总共只有三到五年，有时甚至是两到五年！周期如此短，普遍的结果就是设计院来不及仔细研究，投资方、业主也缺乏缜密的思考。在此背景下，我们的城市管控部门面临着一个全新的建设态势，并且每当管控部门跟不上发展的速度时，就极易出现把控的失效。当上述情形综合在一起时，直接表现出来的就是在公众和管理部门的视野中，出现了一批所谓“奇奇怪怪”的建筑。

面对这些“奇奇怪怪”的建筑，深刻的反思刻不容缓。我们需要去思考为什么会出现眼前的这种情况？如何能够避免它？并且，在今后的一段时间里，我们应该如何使中国的整体城市发展以及建筑业的发展获得一个良性的循环？如何能够探寻出一个比较好的、适应新时代的建筑发展模式？具体的思想、方法是多样的，但在我看来，针对目前状况，最为重要的一件事就是确定并树立原则。不论是对于城市，还是对于建筑，原则都是不可或缺的。在西方，古罗马时期的建筑理论家维特鲁威提出“坚固、实用、美观”是建筑的三个基本原则，这一观点长久以来在建筑界中占据经典之位。意大利文艺复兴时期的建筑理论家阿尔伯蒂说过，一个好的建筑产生于“需要”，受“适用”的调养，被“功效”润色；“赏心悦目”在最后考虑。那些没有节制的东西从来不会真正使人赏心悦目。而在中国，比较突出的一个例子就是周恩来总理在1955年曾提出将“适用、经济、在可能的条件下照顾美观”作为建筑规划与设计的三个原则。值得注意的是，当周总理提到“美观”时用了“在可能的条件下”作为它的前提，为何如此表达？我们知道，对于建筑而言，“适用”关乎其功能的如期实现，是建设这一行为的主要目的。“经济”则与我们当时的国情息息相关，在中华人民共和国成立初期，国家的方方面面都处于起步阶段，整体财力有限，在那种经济状况下，控制建筑的造价是非常必要的，它直接决定着建筑是否能建成。也正因此，“美观”受“可能的条件”的节制。

好的建筑原则一经确立，便会在很长一段时间里将人们的建筑实践往进步的方向引领。维特鲁威的建筑原则塑造了古罗马时期，以及文艺复兴时期以来的建筑精神。周总理倡议的三个原则也在相当长一段时间里，令中国的建筑处于好的发展态势中。1959年国庆十周年评出的首都“十大国庆建筑”，诸如人民大会堂、民族文化宫、北京火车站等，就基本上诠释了上述三项原则。这些建筑的投入并不多，不奢华，遵循了“适用”与“经济”两项原则，但同时，设计者又尽可能地通过运用简洁的建筑手法，对中国的传统建筑形式进行呼应，实现了“在可能的条件下照顾美观”这一原则，建筑达到了美观的效果。然而，改革开放以后，这些关于建筑的概念与原则遭遇了来自时代的挑战。

随着中国财力的日益壮大，不论是政府层面，还是投资商、开发商和普通的消费者方面，都对建筑提出了新的要求。我们的城市与建筑呈现出多元化的发展趋势，以及随之而来的丛丛乱象。一个显著的现象便是人们越来越少地顾及建筑原则，在“任性的有钱人”“任性的领导们”对于“美观”无节制、无节操的任意阐释中，单位造价惊人的铺张浪费的建筑大规模地涌现。建筑形式中弥漫着浮夸之风，对建筑空间或立面效果的渲染开始变得非常重要。面对这些城市与建筑的乱象，有许多问题需要探讨，需要我们用心地去思考并找到纠正它的途径。但是，正如前文所言，我们首要的任务是建立原则，需要重新确立起一个面向政府、投资商、公众、设计者和参与者的清晰的原则。通过这种原则的确立，一种正确的、适应新形势的建筑观念将在宣传与教育中变得普及，成为所有城市建筑参与者心目中应有的标杆与尺度。

我们的时代亟需原则，无原则、无节制、无节操的城市与建筑的任意发展模式会为我们带来非常可怕的后果。如果将城市和文化思想分别比喻为“硬件”和“软件”，那么可以说，在当下，我们的“软件”建设远远落后于“硬件”的发展速度。文化思想的建立往往需要经历漫长的时间，古训说“十年树木，百年树人”，培育人才尚且需要如此长久的积淀，更何况培育一种健康、合适、贴切的文化思想观念？但是，在目前社会飞速发展的大环境下，我们总是缺乏必要的时间与耐心，让文化思想与物质环境相匹配。“硬件”与“软件”之间的失衡必然会产生许多问题，因此，在这种“快”与“慢”的新常态下，我们需要尽快讨论并确立一种能够应对新时代的新的建筑原则，以弥补并避免因失衡而出现的种种弊端。

在我看来，建筑原则可以包括“适用”“适度”“适宜”，即所谓的“三适”原则。对于建筑而言，“适用”是第一位的，因为它服务于功能——不论是住宅，还是医院、体育场馆等类型的建筑，都首先是功能性的。“适用”就是好用，是建筑功能高效率的、贴切的实现。在我国，“适度”尤其需要强调，它包括适度的投资造价、适度的结构形式，以及适度的材料选择。我们不能盲目贪大求洋、求新、求怪。中国是一个多地震的国家，许多地区对于建筑结构体系的选用须格外谨慎，无节制的、任意而为的结构体系会给建筑抗震等安全要素带来不利影响。适度的结构形式意味着遵循重力的原则和自然的法则，把建筑的受力、传力系统尽可能做得明确、清晰和简洁——这种“适度”是节约、有效、有节制的。合理、顺当的结构体系还可以在一定程度上降低建筑造价，提高投入产出比。我们要避免在建筑的装饰体系中添加太多的奢华与不适，它既会导致暴发户似的式样，同时也会带来极大的浪费，彻底地引发失度。“适宜”是指宜人，宜自然，即环境友好。它包括“自然适宜的环境”与“人文适宜的环境”两个层面，是一个关于生态的原则。地球上的人工建设总量巨大，如此巨大的量必定会对我们的生态资源造成极大的影响与破坏，“适宜的环境”既是要求我们尊重大自然、与地球进行良好的互动，实现建筑和自然环境的友好，也是对人文环境中和谐状态的追求。这种和谐是人与人的和谐、建筑与建筑的和谐、邻里的和谐、社区的和谐，以及各种人文因素的和谐。它是一种普遍的友好氛围，要求我们的建筑互相尊重、谦虚，不突出自我。

为了让我们的建筑业和城市发展能够在今后的一段时间里少走弯路、少留遗憾，我们需要尽快在新时代的新常态下确立出一种基于正确共识的建筑原则。

（本文原载于《建筑与文化》，2015 年第 1 期）

北京新建筑天际线

（图片来源：东南大学周琦建筑工作室。周琦绘制）

再论“奇奇怪怪”的建筑

——中国城市与建筑的现代性

当下的中国正处于现代转型期，在时代的高速发展中，我们的城市与建筑既取得了很大的成就，也遭遇着诸多问题。在这个城市化快速发展，冲击与机遇并存的现代化进程中，我们需要通过回顾与反思，找出时代中那些混乱与困惑的症结所在，实现问题的有效解决。总的来说，中国的现代化进程有着强烈的本土化特点：仅从时间上而言，我们用短短的三十几年走完了西方耗费二百五十几年才走完的发展之路——西方国家（包括美国及日本）的现代化之路始于 18 世纪中叶的工业革命，并经过后工业时代步入了现在的信息化时代，其过程是缓慢、渐进的。而中国的情况则是：如果将社会真正出现了大发展的 20 世纪 80 年代（即改革开放后）作为这一进程的开始，那么时至如今，我们才用了三十几年；如果将中华人民共和国成立后的前期铺垫时间纳入其中，那么我们从早期的工业化时代，到现在以“中国制造”为特征的全面工业化时代，也仅仅用了五十年左右的时间。

相比于西方，我们经历的现代化进程是一个断代的爆炸式发展过程。在这个过程中，社会的方方面面：它的秩序、规则、标准、原则等都处于边发展、边完成，边发展、边创造，边制作，边完成的状态中。也正因此，混乱与困惑的产生是很自然的。隐藏在我们视野中的那些“奇奇怪怪”的建筑之后的，是一个关于中国城市与建筑的现代性的严肃问题。在工业化的驱动下，我们的社会正在全面转型，作为社会转型之见证与载体的城市与建筑也必然需要转型——这种转型是现代性的，它直接影响着我们的生活方式与意识形态。尽管通过过去三十多年来的努力，我们在城市与建筑的现代化征程上已经取得了很大的成就，但建筑原则的缺失、美学观念的滞后依旧是制约我国城市与建筑向现代顺利转型的重要因素。

我们的城市与建筑如何才能真正具备现代性？或者说，我们的城市与建筑应该具备什么样的现代性？在此，非常有必要对西方二百五十几年来的现代化历程，以及伴随这一历程而逐步确立起来的现代建筑原则进行回顾。这种回顾绝不是意味着我们要重复西方这二百五十几年来一步步走过的路，而是要通过它们在现代化的城市过程中所经历的那些曲折与探索，失败和成功，来对我们的当下做出反思。在现代建筑的领域，中国有许多课要补，回顾西方的发展经历和各个时期所确立起来的建筑式样、建筑规范和建筑原则，在一定程度上对我们今后一段时间的发展也是有借鉴意义的。

西方现代建筑原则的确立用了近一百年的时间，它的出现与工业化革命的发展息息相关。我们知道，城市化带来的城市人口剧增是早期西方社会从农业社会过渡到工业社会的重要因素——在这近一百年的时间中，西方国家的城市化率从最初的 30% ~ 40%，发展到了 80% ~ 90%。随着大量的人口涌入城市，大量的农民变成产业工人和城市居民，延续了两千多年的，以慢工出细活为特征的传统建筑方式突然远远不能满足人们的生活需要了。工业革命时代的城市化进程需要大量的、快速的建造，以容纳快速增长的城市人口，这在本质上动摇了被当作艺术品去经营的、手工制造的，以美观、宏大、庄严、精致为特征的西洋古典建筑式样的地位。为了解决现代需求，经过人们近一百年的探索，现代建筑原则作为一种与时代相适应的标准被逐步确立了起来。

相对于古典建筑原则，现代建筑及其原则主要有以下特征：即强调建筑空间、建造方式高效化，以及审美观的巨变。

传统的西洋建筑强调实体，我们所能看得见的古典式样即是对实体强调的直接结果。而现代建筑的主体则是空间，因为现代的生产、生活与劳动需要灵活、适用的空间去满足其功能上的复杂与丰富。老子在《道德经》中所写的“凿户牖以为室，当其无，有室之用。”这句话对于现代建筑中的空间观念是很好的解释——老子在两千多年前就知道空间其实比实体更加重要。事实上，当美国建筑师赖特偶然在英译版的《道德经》中发现这句话时，他是欣喜若狂的。当人们开始把建筑的重点放在空间的时候，便逐渐向建筑的本质靠近。建筑本质上是为人们提供一个被遮挡起来的空间，在其中，人们可以躲避恶劣的天气，获得舒适的环境。而长久以来人们对于建筑立面、形式以及实体的重视在很大程度上削弱了空间的重要性。现代建筑原则中对空间塑造、刻画和经营上的关注，为建筑满足人们最本质的需求提供了可能性。

现代建筑原则的第二个特征，即为适应工业化生产而出现的高效率、大量性与标准化的建造方式（我们国家现在的房地产就是采取这种建造模式）。法国的建筑大师柯布西耶有句名言叫作："建筑还是革命？（Architecture or revolution?）"。这句话写于1922年，他有感于法国从大革命一直到巴黎公社时期所发生的一系列革命流血事件，认为这是一个社会当中不能忍受的状态，并天真和淳朴地认为，这种革命是由于人们的居住环境太差所引起，而那个时候的法国城市尽管大街上很漂亮，但街道后面就是贫民窟，污染严重、拥挤不堪，许多的人死于流行病。柯布西耶相信，如果所有的产业工人和他们的家人都居住在一个阳光明媚、没有污染，被绿草和花园环绕的城市，他们是不会去闹革命的。也就是说，通过对建筑的改造所创造出的舒适的环境是人们安居乐业的前提。在此基础上，柯布西耶针对巴黎提出了改造方案：即推平市中心，炸掉所有历史建筑，取而代之的是由一幢幢一百米至两百米高的标准居住单元式高层建筑，以及建筑间绿地所构成的现代城市。

虽然柯布西耶的蓝图没有实现（如果实现也是一个悲剧），但他那乌托邦式的理想恰恰戳中了从传统建筑到现代建筑过渡的要害，并对整个西方的现代化进程起到了关键的作用。在此之后，这种为了解决问题应运而生的大量性、快速建造的标准化、工业化、低成本居住建筑，如雨后春笋般发展起来，印刻在了西方的主要城市当中。随之而来的社区规划，各种配套设施的建设，以及其他功能建筑，比如工厂、摩天大楼式的写字楼等，共同形成了西方现代城市的基本格局。并且，在这种解决现代问题的思路下，城市开始向高度发展。在这一阶段，众多超高层、大体量的建筑被快速地建造了出来，作为世界统一式样的国际式建筑风格出现并盛行。

发生在审美观层面的巨大变化是现代建筑及其原则的第三个主要特征。艺术形式与时代特征总是相互呼应的，正如过去的西方建筑审美观是基于其传统的古典主义审美学那样，现代建筑的审美观在很大程度上受其主流艺术的审美取向所影响——现代艺术从最初的先锋派，到改变人们的审美观，变成一种深入人心的审美趣味亦是经历了漫长的时间。相对于古典艺术的具象，以抽象派艺术、立体主义艺术为代表的现代艺术追求的是一种抽象的美学趣味。这种审美观表现在建筑上，就是从以柱式作为主要装饰的传统式样，向少有装饰，轻、光、挺、薄，形体简洁、抽象，非对称并大量使用玻璃幕墙的现代建筑式样的过渡，直到对西方古典装饰的完全抛弃，形成鲜明的现代建筑风格。

现代建筑的这三个主要原则在整个西方社会的定型中用了近一百年时间，之后，又流行了近一百年的时间，至 20 世纪 50 年代，随着后工业时代的到来，作为一种潮流的现代主义基本走完了它的历程。在后工业时代的西方，城市化进程已经基本稳定，城市人口从过去的增长变成了下降，人们对新建筑的需求也开始下降，大量性、快速化的建造大体量建筑已经不是时代所必需。新时代下的人们认为现代主义的标准化、国际式方式有失偏颇——虽然它解决了城市化的实际需要，带来了高效率的城市、整齐的街道、干净的环境等积极的方面，但同时也带来了千篇一律的城市面貌，以及众多缺乏人性的建筑。生活在混凝土森林中的人们交流日益变少，社会、审美、功能都在趋于单一，民族性、地域性走向消亡。在此背景下，人们开始反思现代建筑及其所带来的那些问题。

后现代主义正是产生于工业化时代的人们对于自己是否生活在一个和谐、美好、舒适、个性化的环境里面的反思中：这种反思让人们发现答案是否定的，现代建筑尚有许多功课要做。后现代主义下的人们开始回归传统，向过去看齐；各个地方开始复兴传统，开始走向复古。人们发现寻找一种新的建筑并不能解决时代的问题，现代建筑发展的正确方向应该是对于各种可能性之探讨的包容。正是这种观念上的变化，令后现代主义建筑在20世纪六七十年代的西方开始出现并盛行起来。这种试图与现代化建筑相融合的，以传统的、亲切的、民族式、符号式外观为主要特征的后现代主义建筑式样成为人们为社会找回生机的一条出路。但是，由于其本质上只是一种表面式样，未能触及时代问题的根本，后现代建筑的流行时间并不太长。当信息化社会来临时，人们才开始找到并确立起一种新的原则，反映在城市与建筑上，便是对地方性、民族性与多样性兼容并蓄的现代性。

我们的城市与建筑在现代性的转型上还有许多路要走，通过对上述西方社会以及建筑原则的发展历程的回顾，我们可以发现现代建筑绝非简单的形式生产问题，它同人们对于社会深层问题的认识与回应紧密相关。在当下的中国，我们对现代建筑的本质其实并没有很好地理解，对于其原则所涉及的三个主要方面，我们掌握的仅仅是其中最为表象与易学的工业化技术部分，而在空间与审美层面都存在极大的缺失与滞后。在与传统断代而现代性又尚未定型的当代中国，我们的意识、我们的审美正处于混乱的夹杂期。也正因此，反思并确立适用于中国之特有现代性的建筑原则至关重要。

（本文原载于《建筑与文化》，2015 年第 2 期）

上海浦东陆家嘴夜景

（图片来源：东南大学周琦建筑工作室。摄影：韩艺宽）

三论“奇奇怪怪”的建筑

——建筑的民族性、地方性与多样性

当代的中国受全球化趋势影响，置身于对西方信息化社会中各种新生事物及其所带来的影响的同步接收，并与之同步发展——我们的网络、网速、移动的速度、移动设备的普及率、汽车的普及率等，都与西方同步、同发展。当代的中国也受自身演变规律的影响，在现代性的转型之路上表现并面临着特有的成功与不足。正如前文所说，在城市化进程快速发展的当下中国，我们的转型之路任重道远，我们期待从“中国制造”向“中国创造”的质变，而在城市与建筑领域，我们的当务之急就是制定并确立适用于中国自身的建筑原则，以突破因建筑原则缺失与美学观念滞后而产生的制约，走出混乱的夹杂期，推动城市与建筑的现代性转型。那么，这个与社会转型相适应，具有重新塑造我国建筑思想、建筑伦理、建筑方式、建筑管理、建筑规范之潜力的建筑原则具体应该有什么特征？在此，我认为它的基本特征应以“民族性”“地方性”与“多样性”

这三方面为前提。

在全球化的大趋势下，对“民族性”的恪守尤为重要：在当代，我们可以拥抱现代化，承认同一性，但绝不能失去生活中的“民族性”。交通业的迅猛发展令我们可以通过各种相对先进的交通工具，诸如汽车、地铁、轮船、飞机等，达到迅速交通的目的。在这种交通条件与世界同步升级的节奏下，相比于以往主要靠人力或畜力驱动交通工具的时代，地球开始变得越来越小。与迅速交通相伴而生的是迅速交流。这种全球化下的交流模式通过形成国际式的语言、行为、方法和标准等，让人们能够突破国与国、地区与地区之间的界限，将局限在特定区域内的商务行为、生产行为等活动的影响范围加以扩展，并促进各种文化及行业的交流与对接。工业化建造标准的推广大大提升了现代建筑的建造效率，这种非常适于满足时代需求的建筑式样迅速演化成了国际式的建筑风格。大量的现代建筑被建造了出来，它们遍布全球，构成了许许多多超地域、同质化的生活场景。全球化下的迅速交通、迅速交流正一步一步地拉近并消解人们的物理距离、心理距离。但尽管如此，有些距离和界限是不能也不该被消除的，用于界定民族的“民族性”就是其中非常重要的一项。

在当代，各个民族之间的差异依然很大——这种民族间的差异不仅仅是东方与西方之间的，差异的对象可以被不断地细分。比如，同属西方世界的东欧、西欧、南欧和北欧，它们之间的差异就很大。在民族与民族间的差异中，饱含着各个民族传统文化内极为宝贵的一部分，它是各个民族人民深入骨髓的，难以被根除的思想内核。时代也许会迫使人们去掩饰或者遗忘自己最为本真的一面，但唯有建立在自知、自明上的探索，才能收获实实在在的进步。“民族性”是我们必须要承认并彰显的真实，它关乎每一个人的自我认知，是不可被化约为“同一”的主体界限。在对待我们的城市与建筑上，恪守“民族性”意味着我们应开始重新探讨我们的民族文化、民族建筑（因为我们确实误读、误用了很多）。我们需要好好思考如何能将这些个性、特征与传统从容地带入新的生活环境里面。在某种程度上，四处丛生的“奇奇怪怪”的建筑正是我们的社会所遭遇的精神官能症病兆。时代惊诧了许多人，也让许多人感到迷乱，而“民族性”正是指引我们回归理性、重拾自我的可靠路标。

如果说建筑的“民族性”侧重于民族思想、文化之层面，那么它的“地方性”则表现为是基于思想、文化的，能够反映并适应特定地域地理条件、气候条件的建筑式样。这类建筑式样的形成遵循着一种生态学的演变过程，它顺势而生，是人们在和自然、环境与生活环境的互动中，慢慢地形成的营建方式，是对各地区生活、建造、气候与材料的完美呼应——传统的民居建筑就是其中的典型。在现代主义建筑盛行的时期，我们可以在全球看到同一个建筑式样：不论是在非洲还是北欧，大量采用玻璃幕墙的高层建筑作为城市的一个统一标准，在全世界流行起来。这种无视各地气候与地理条件差异的建筑式样在使用的过程中给人们带来了大量问题。“地方性”的建筑式样很好地回应了地域差异，它是舒适与节能的，散发着对生命的尊重与关怀。现代建筑同一性式样的主流地位让人们略去了许多关于建筑的基本出发点，比如建筑的外形应与各气候带环境特点相适应。在寒冷地区，建筑外墙需要做得比较厚，窗户相应地做得比较小；而在热带地区，建筑形体则要强调通风、采光与虚实对比，墙的厚度也会发生变化。这些最为实质的差异是不能被单独某个建筑式样所一概而论的。

我们需要从传统民居中学习“地方性”的建造思维。这些传统民居是人们几千年来生活形态的一种物质积淀，它们是那么美，那么与土壤、与自然关系密切！我们可以从皖南民居，从湘西民居，从两广民居，从苏州古典园林等地方性民族式样的建筑中感受到那种优美、生机与贴切。当然，在现代化的社会中，我们不能再按照传统的方式去营建房屋了，因为它确实不能满足现代需要。在人口数量庞大，城市化密集的当下，仅仅通过复制传统民居形式是解决不了实际问题的：人们不可能全都住上一两层高的小楼，再搭个小后院安逸地栖居。但是，这并不意味着我们要抛弃传统（尽管传统曾经被抛弃过），而是要将它观念中最为核心的那些元素加以传承与发扬。我们要将传统民居所秉承的可持续的生态学观念、它的空间布局方式，以及传统中人们的生活方式、审美情趣等因素融入我们现在的城市、建筑、空间形式里面，这是大有可为的。

不可否认，现代建筑式样和大量的高层建筑为我们的日常生活创造了诸多便利，让我们的感官体验到了不同于以往的精彩，我们不能因为存在不足就选择中止这一现代性的建筑转型。以“地方性”

为特征的建筑原则鼓励人们采用可持续发展、无污染、可循环使用的材料进行建造活动。在传统民居中，这些材料通常是土与木；而在当代的建筑活动中，则应控制混凝土的使用量（因为混凝土本身是不可持续的），多运用可回炉重造的钢材与玻璃进行建构。对于高层建筑，要引入地方的色彩，多考虑地方的气候，适应所在地的民风民俗。通过空中露台、空中院落、空中绿化等设计元素，为人们提供更多的交往空间，进而为复苏传统中和谐的人际关系、邻里关系制造氛围。“地方性”的建筑意识能有效避免现代建筑精神中麻木的一面，当建筑的创造者们开始敏感于周边环境时，城市中那些突兀、奇怪，或是令观者不适的景致自然会变少许多。

建筑原则中的“多样性”特征是以目前信息化、后工业时代中社会的多元化趋势为背景，强调当代的建筑应具备灵活性，以适应不同人群的不同生活习性、交流方式、价值取向及审美情趣，为个体的发展、个性的生成提供相对自由的空间。在社会强烈变迁的时代，人们的生活方式发生了巨大的变化，交通与交流的迅速催生出了新的常态。生活不再如往常那样单一与静态了，相同的时空中并存着许多不同的事物，距离也在速度的提升下变得不再是限制人与人、人与物之间联系的关键因素。多元化的社会极具包容性，各种不同属性的工作、生产方式——不论是集合式办公、工业化办公、信息化办公，还是社会化大生产、家庭作坊式生产，都能在其中找到合适的位置。相应地，各种形式的建筑及居住模式——高层建筑、多层建筑、低层建筑，集合式住宅、独立式住宅等，也为多元的现代生活形态勾勒出了最基本的轮廓。

在多元化的社会中，人们的作息安排不再被笼统地概括为“日出而作，日落而息”“朝九晚五，两点一线”等整齐划一的行动。我们可以选择不同的作息时间、出行方式，拥有适合各自品味与习惯的生活。后工业时代的人们不一定晚上八九点就睡觉，“熬夜一族”喜欢凌晨两三点才睡觉，有的作家、艺术家甚至要工作到天亮。互联网的快速发展以及物流业的持续繁荣让很多人能够在家上班，通过网络去工作、交易和娱乐。不同的作息时间与多样的办公、休闲方式也潜移默化地改变了城市的交通状况。过去由于人们出行时间的统一，上下班时段是交通的高峰时期，而现在“高峰”越来越不明显了，取而代之的是从早到晚的堵车，因为无论什么时间都有人出行。针对这些多元的生活具象，我们就需要“多样性”的思维去设计与之相匹配的建筑。城市化要反映和跟上不同人群的需求，那种单一的、兵营式的、集中营式的建筑与空间显然难以适应当代生活中广泛存在的“多样性”。建筑要关怀它的各种使用者。例如，对于习惯“昼伏夜出”的那类人，在他们的生活空间中就要更多地考虑到遮光、隔音等功能。

正如前文所说，在当代，地理上的距离正在被不断提升的速度所消解，区域间的联系、国与国的交流都在日益加强。地球在变小，人们可以很容易地到达自己想去的地方——如果某位明星想去伦敦喂鸽子了，他随时可以到机场买票飞过去；如果他中午从香港出发，那么当天下午（这里正好有个时差）就能见到伦敦的鸽子，然后喂上一下午，到晚上再飞回去。多元化的社会对“任性”有着较高的包容度，同时也让很多人具备了“任性”的条件。当我们的城市中充满“任性”的居民，随处可见来自不同国家、民族，有着不同成长背景及面貌的访客时，在公共空间中推广“多样性”建筑原则就尤为重要了。我们要尊重别人的“民族性”，尊重不同的文化与信仰。在此，“多样性”并非无原则的混乱，而是通过科学地分析人们的需求，用弹性与灵活性适应需求的多样性。在机场等公共场所设置祷告室，以满足信仰者的需要（比如穆斯林每天从早到晚要定时、定点地祷告五次），就是一个符合了建筑“多样性”原则的例子。

最后，我相信如果我们能在建设活动中纳入更多关于“民族性”“地方性”与“多样性”的考虑，我国的现代性转型之路将会走得更加顺畅。

（本文原载于《建筑与文化》，2015 年第 3 期）

图 1　建于 1931 年国民政府时期的南京励志社
（图片来源：东南大学周琦建筑工作室。摄影：金海）

图 2　建于 1931 年的南京中央体育场
（图片来源：东南大学周琦建筑工作室。摄影：韩艺宽）

“山寨建筑”暴露文化危机

近十几年，西洋“山寨”建筑如雨后春笋般频繁出现在全国不少城市。河北“狮身人面像”，湖北“金字塔”“斯芬克斯像”“希腊众神像”“凯旋门”，广东“奥地利哈施塔特镇”，杭州“天都城”，上海、重庆、安徽、浙江、江西、湖南、江苏、福建等多个省市的“白宫”政府办公楼。越来越多的“山寨”建筑出现在中国的各级城市中，这种盲目“山寨”、贪大求洋的现象，充分暴露出中国建筑行业面临的文化危机。

在丢掉了自己传统，又没理解好现代之时，连政府项目都盲目“山寨”西洋古典建筑，这样做非常丢人。建筑是千百年来文化积淀的集中体现，西方古典有它特定产生的文脉和历史。现在有人看到，满是殖民建筑的上海外滩也很好很美，但那是外国人设计、外国人投资，代表了特定时期的历史现实，现在那个时代早就过去了，中国早就独立自主了。国外媒体嘲讽中国“山寨”建筑称，“在中国一下午逛遍巴黎、威尼斯”。很多外国设计师也都问我：“我们都不再重建的东西，为什么中国要山寨？”“几千年的文明古国，难道没有自己的建筑文化和建筑语系了么？”

建筑是最为显像的文化符号，即使近代中国国力积弱，上海“十里洋场”受殖民文化影响极为严重，那时国民政府主导的《大上海计划》也明确采用了中国古典建筑样式。而对于当时首都南京的建设，《首都计划》也明确提出要坚持“中国固有之形式”，以“本诸欧美科学之原则”“吾国美术之优点”为原则，宏观规划借鉴欧美，建筑形式采用中国传统风格。新中国成立初期，北京十大建筑，像人民大会堂、北京火车站等，也采用了明显的中国建筑传统样式。盲目向西方的古典建筑看齐，反映出一个民族对自己的传统没有自信，对现代也没有自信，必须引起警醒。

这种“山寨”的现象往往是领导者、开发商和建筑师合谋的结果。在目前中国的建设体制下，决策权掌握在极少数管理者手里，设计招投标往往流于形式，可行性研究实际成为迎合领导的“可批性”研究，专家评审成了摆设，一个地区建筑风貌几乎完全取决于个别领导的个人喜好和审美水平。有时候行政领导和开发商直接要求：“我就要‘白宫’”，建筑师往往也是无可奈何。

反过来看各个设计院，建筑师的抄袭司空见惯。以现在出版物、网络的发达程度，几乎没有找不到的图纸，为了抢生意争夺市场，也为了节省设计成本，建筑师们手边积攒了厚厚一摞满是“成型范例”的“参考资料”，有任务来了就东拼西凑照搬照抄。在西方国家，一般一个十来人规模的小型设计事务所一年只设计两三栋房子，能够精益求精地把设计精确到毫米。而在国内，往往一栋大楼的设计方案一个星期就要做好，只要最后搞出个很“炫”的动画造型，往往就能糊弄不懂行的开发商和领导。

另外，由于建筑设计市场竞争激烈，许多建筑师连《工程勘察设计收费管理规定》标准的一半设计费都拿不到。“批量”新增的建筑需求，加上残酷竞争而压低的设计费，使得国内建筑师被戏称为“拿着民工工资、掐着秒表工作”，没有足够的思考时间，设计也只能走向抄袭了。

面临席卷而来的“强势”文化，如果我们没有明确的发展方向和自强意识，缺失了地域特色和内在活力，就只能被淹没在“文化趋同”的大潮中。当下中国建筑应站在文化复兴的高度重视“山寨”问题，建造有中国特色的现代建筑，既要整合、传承民族传统，又要在与西方建筑技艺的融合对话中发展创新，建设决策也应强化评审团的独立性和专业性，完善评估机制，真正尊重民众和专家意见。

（本文根据 2014 年接受《瞭望》新闻周刊的采访整理而成）

南京市雨花区区政府办公楼

（图片来源：东南大学周琦建筑工作室。摄影：韩艺宽）

越来越高，越高越好？

改革开放后的中国，经济迅速发展，随之而来的是城市巨大的建设量，其表征之一便是散布于大中小城市中的越来越高的楼房。近些年来我国不但建设了大量的高层楼房，更是掀起了一股建设超高层地标建筑的热潮。我国的超高层建筑在数量以及高度上已经超过了部分发达国家及地区，仅上海地区超过 100 米的超高层建筑就有 400 多栋，建筑数量已经远远超过中国香港，成为全球超高层建筑数量第一的城市。然而面对这股超高层建筑热潮，具有话语权者不应该头脑发热，反而更应该保持冷静的头脑，客观分析超高层建筑产生的原因以及利弊，合理引导超高层建筑在我国的发展。

纵观超高层建筑在全球的分布，大致可分为三类。

首先是在新兴经济体，这种地区的经济通常出现爆发式增长，为了摆脱传统并创造新的形象，资本实体通常会攀比建筑高度。例如美国，作为 20 世纪初期的新兴经济体，是高层建筑最早的发源地。美国纽约的帝国大厦建造于 20 世纪 30 年代的经济大萧条时期，高度约为 381 米，1930 年动工，1931 年落成，只用了 410 天。帝国大厦的高度以及建造速度充分体现了美国作为最发达资本主义国家的政治、经济、工业以及技术的潜力。

另一类则是欲借超高层建筑转变地区形象，进而达到经济转型的目的。中东地区的迪拜就是典型。作为世界石油产区，迪拜积累了大量的财富，使其有强大的资本建造超高层建筑，比如高度为828米的哈利法塔（又名迪拜塔）。但是迪拜的建造目的并非仅仅为了炫耀资本力量，其更深层次的原因在于经济转型，通过在沙漠地带制造建筑奇观——地标型超高层建筑，吸引全球目光，带动迪拜服务业、旅游业等第三产业的兴盛，达到摆脱单一石油经济模式，推动地区经济转型的目的。

最后一种则是历史文化积淀深厚，对待城市扩张比较慎重的地区。这些地区主要集中在欧洲。欧洲的超高层建筑高度一般在200米以下并且数量很少。这些超高层建筑主要分布在新建城区内，例如法国巴黎的拉德方斯新城，其最高建筑也没有超过200米，标志性建筑大拱门高度仅为110米。造成欧洲超高层建筑数量少、高度低的原因主要有二：一是出于对欧洲历史环境的保护与尊重；二是厚重文化积淀使得欧洲人能够慎重地对待城市的盲目扩张以及摩天楼的建设，这种理性精神使得他们认识到摩天楼并非越高越好。

反观中国近十年的建设状况，在政府驱动以及政府引导企业执行的双重模式下，超高层建筑建设狂潮已经由北京、上海等一线城市扩展到各个省会城市，这也许正是中国二十多年GDP高速增长的反映。但是中国的经济奇迹是否需要借由超高层建筑来进行表现呢？在中国超高层建筑越来越高，但是越来越高是否就代表越来越好呢？

理性地分析，适当的建筑高度——通常在100米到200米之间的建筑高度——可以提高土地的利用率、缓解土地压力、增加单位城市空间所能容纳的人口以及城市的经济效益。这在人口密度较高，建设用地较为稀缺的东部沿海城市已经得到验证。但是超过了这个高度，超高层建筑的优势就不再明显，甚至会带来许多问题。首先是交通拥堵与能源消耗。一座超高层建筑通常可容纳上万人，这就相当于一座立体的小型城市，大量的人流聚集于极小的地盘会带来诸如通行、停车、垃圾处理、能源消耗等难题，建筑越高，容纳的人越多，这些问题越难解决。其次是高度增加后，建筑可使用面积的效率会下降。超高层建筑越高，相应的消防与疏散设施要求也越高，电梯、疏散楼梯的数量也会大大增加，建筑的得房率就会极大地降低。中国400米左右的超高层建筑得房率大都在50%以下，而100米到200米的超高层建筑得房率会在60%～70%。第三就是建筑造价的增加。在抗震要求越来越严格的今天，超高层建筑的结构造价需大幅提升，才能够在抗地震力以及抗风荷载方面达到国家规范标准。而建筑高度越高，建筑结构解决抗震以及抗风荷载的难度也越大，相应的设计、建造、材料费用都要较普通的高层建筑多出许多。第四是环境问题。建筑高度越高，其在周围地区投射的阴影也越大，使周围地区不能达到相应的日照要求。另外，超高层建筑为了减轻自身重量，围护材料会比较轻质，通常是玻璃幕墙形式，这就会给周围环境带来光污染。并且超高层建筑之间也会产生风洞效应，建筑周边狭窄的风道在恶劣天气下会产生极强的风力，使人难以行走。

因此，面对高度增加后超高层建筑所带来的负面问题，我们更应该冷静理智地面对当下的超高层建筑热潮。对建设条件做科学的分析、可行性评估以及经济性比较和环境研究，严格控制超高层建设项目，避免某些灾难性后果的发生。

（本文原载于《建筑与文化》，2012 年第 10 期）

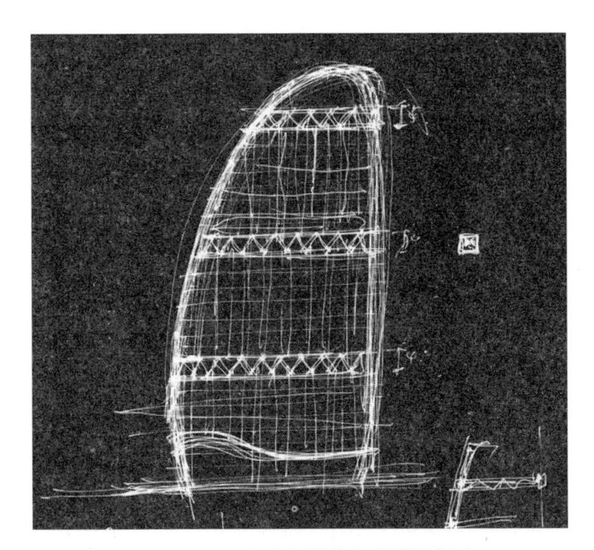

图 1　人民日报社新媒体大楼设计草图
（图片来源：东南大学周琦建筑工作室。周琦绘制）

图 2　人民日报社新媒体大楼
（图片来源：东南大学周琦建筑工作室。摄影：姚力）

中外建筑师的此消彼长

真正意义上西方概念中的中国建筑设计师群体出现不过百年，这一百年中的成长历程是曲折的。但目前为止中国建筑设计师的地位与同时代的外国建筑师相比，不论在劳动强度、设计质量和艺术表现形式上都有较大的距离，原因何在？

当下的中国是全世界最大的新建筑舞台。但其中能够有多少中国建筑师真正参与我国自有建设项目的原创设计，受到应有的尊重并得到公平的待遇呢？中国建筑师群体应该如何认识自身优势和缺失？为何已经走入正轨的建筑学教育却没有持续培养出世界水平的建筑人才？外国建筑设计在中国还能走多远？

与当代建筑师的无奈、无力形成鲜明对比的是20世纪初中国第一代建筑师的成长、成就。

20世纪初期，国外建筑形式进入中国源于被动的国门打开。而后清政府倡导洋务运动，中国以主动的方式拥抱世界，在上海、天津等沿海港口城市出现了第一批“现代建筑”：他们由西方建筑师设计，带给了千百年看惯了“大屋顶”的国人以欧洲古典风格的建筑思维及作品。这促使中国基础几乎为零的建筑学迅速培养出了第一代建筑人才，他们犹如雨后春笋般茁壮成长。这批成长于20世纪20年代末30年代初的仅百人规模的第一代建筑师群体，在这种土壤中很快掌握了先进的设计方法和理念，设计出了一大批经典的建筑。曾作为美国著名建筑师亨利·墨菲（Henry Killam Morphy）助手的吕彦直，在南京中山陵设计中以钟形整体布局和中西结合的建筑风格打败了享有盛誉的老师。年仅30余岁的他主持设计了这个恢宏的陵墓建筑工程，不能不说是一项纪录。

第一代中国杰出的建筑师们均是从国外学成归来，中西结合兼容并包。以梁思成为例，他出生于士大夫家族，父亲是梁启超，受到了极好的中国古典文化熏陶。他们留学归来后可以很快适应这种小规模小尺度但极具古典艺术的建筑设计。当然这也同当时建筑体量小，建造技术相对简单有关联。所以第一次开放时，中国年轻的建筑师们很快有能力有机会扭转外国建筑师占主导的不利局面。

但30多年来的第二次开放中，我们至今都未能看到曙光。何时中国自己培养的建筑设计师能够有能力在最重要的国家级大型建筑中担当主角？造成这种局面的部分原因是现代建筑变得极为复杂，面对大规模、多功能、高技术含量且创新的现代艺术形式需求，中国建筑师还缺乏系统的集成能力、技术创新能力和完美的形式表现能力。我们只能在小规模、低要求的建筑设计中慢慢磨炼。往往在外来建筑师事务所取得主体建筑设计资格后，国内建筑设计院做其配角，承接大部分劳动密集型的后期建筑施工图方面的工作，创造的价值极其有限。

如何改变这种状况，让中国建筑设计师在可预见的未来走上舞台呢？

第一，要进一步提高建筑教育的水平。在建筑技术和艺术两个层面着重培养学生的能力。建筑师是倡导美的艺术家，同时也必须是严谨的工程师。这需要国内建筑教育界更多的沟通，同时也需要跨国教育交流。

第二，要教育业主和领导者，中国建筑设计师在成长。不应迷信国外建筑师的作品，要在建筑实际使用合理性和形式创新中选取最佳结合点，给中国建筑师更多的实践机会。

第三，要有一致的产业政策，不能放任恶性循环。要公平地尊重建筑师的劳动价值。目前国内建筑设计费用比例远远低于国际水平。近几年在全球招标的风潮中，甚至还有专门文件，给予国际建筑师事务所大比例高于国内设计院费用的许可。较弱的产业国家都有专项基金扶持，而涉及国家建设和未来建筑风格的建筑师行业一直未得到应有的尊重和支持。

第四，要注意提高建筑行业高素质人才的人均产值。与软件、医疗产业等高科技行业比起来，汇集高素质人才的建筑设计院的人均产值相当低，这不能不说是一个极大的资源浪费。如何更好地将教育资源和人才成长结合，在国家级设计院和其他各类设计院的实际工作中提高人均产值是值得长期思考的问题。路漫漫其修远兮，吾将上下而求索。

（本文原载于《建筑与文化》，2012 年第 12 期）

设了一个计：陷阱还是荣耀？

——央视新大楼参观随想

在建筑界乃至公众视线中备受关注的央视新大楼近日竣工投入使用。作为一座在古都北京核心区域的库哈斯（Rem Koolhaas）代表作品，基因上决定它不仅仅是一座建筑大师的荣耀之作，同时也是一个被精心设计的陷阱。诸多层面的不合理性糅合挑战性的建筑结构和形式乃至寓意，让我在亲历建筑本身后不吐不快。

库哈斯是跨时代的极具理想主义色彩的建筑大师、艺术家，这个评价不可置疑。复杂的从业经历让他在一开始就不是那种循规蹈矩的建筑师。他完美继承了柯布西耶的衣钵，将柯布西耶倡导的“革命还是建筑？”那种纯真的反传统思想，真真切切地落实在他的建筑中。

他是一个社会学角度的建筑大师。细数他的代表建筑：西雅图图书馆、伊利诺伊理工大学学生中心、台湾艺术中心和央视新大楼。所有这些作品有着明显的社会学特点，都是从社会形态、人类发展的角度思考设计基本出发点，建筑本身落地为照顾人的行为模式，注重沟通交流空间，加上其独特的建筑外表，一气呵成，极具个性。

我在美国读书时有幸参加了库哈斯就伊利诺伊理工学院学生中心的设计沟通过程。从看地形到介绍设计任务到设计任务提交、评审及获奖感言，理解到库哈斯的社会学建筑设计方法非一般建筑师和业界所熟悉的传统建筑设计方法。人的行为、活动、文化等所有经济政治元素都能转化为他的设计手法，最后作品被赋予夸张的、非常规的、甚至是压迫性的表现。因为有很多内在合理的原则，可能是超出建筑层面，需要我们的理解进而欣赏并赞美。比如对人文的终极关怀让他在设计图书馆和学生中心时留下了非常多的灰色空间，供人们在自由的空间中社交、漫步和观赏。试图用建筑来解释人类的生存状态，是柯布西耶的精神再现。

基于以上我们对库哈斯的剖析，便能窥探央视新大楼的设计意图。抛开其他方面不谈，巨大的体量加上悬挑、门洞式扭曲的式样，矗立在中国首都，表达出一种震撼、权威和控制。

任何一个单体式建筑原本不可能是这样做的：夸张的两条腿中间透出一个庞大的空间，加上巨大的尺度，这在任何一个城市，更不用说古都北京，其造成的大和小的对比，实与虚的幻化，将这座最有力量的建筑艺术品展示在人们眼前，这种震撼都是不言而喻的。

这个建筑巨无霸静止在那里凝视着作为历史文化名城的北京，以及古老的东方古国，这种对比非常明显。对周围城市环境是一个地震式的震撼，引起人对此的互动、观赏和反思。

建筑创作者的目的已经达到，但是回到传统建筑学的逻辑上来分析，其结构是不合理的。违反地球重力场的设计使建筑造价激增；结构本身的悬挑需要地下有巨大的空间来达成平衡；建筑体积是斜放的，垂直电梯打乱了所有平面空间。所以不合理在于结构不合理、平面功能不合理和布置不合理，这些都带来了极大的浪费和失效。

但是划时代、独创性的作品都需要夸张，都需要付出代价。往往需要牺牲合理性来创造不可替代的作品。例如柯布西耶跨时代的作品之一马赛公寓，房子也是不合理的：四米多开间，进深二十多米，这样的住宅怎么用？是只有两头有窗户的黑洞洞的火柴盒。人们无法用常规功能去衡量划时代的革命性的作品。作为决策者，在作出判断的时候只可以二选一，不可能又要完美设计又要合理性。所以，库哈斯做这样的设计，陷阱和荣耀是并存的。荣耀带给了建筑师的同时也带给了中国中央电视台，同时陷阱也客观存在。

这里有一个小细节，库哈斯在大楼门厅内一个巨大中庭的天花板设计上表现了其反常规的态度。几十米高的空间上方，天花板是用石材干挂，倒悬于人来人往的头顶之上。这带给人们的压迫感也是一个陷阱，用紧张冲突的方式造成人们的心理压力，也是库哈斯的一个惯用手法。

划时代的杰出的原创作品需要完美完整的形式，不能有任何妥协。想象如果央视新大楼斜跨的腿和中间的空间、角度，如果弄直了，就完全丧失了原有的美。库哈斯的作品设计思路是与众不同且由外向内的。他早年就有这座建筑的大致构想，而后将内容和功能塞进这个构想中。非建筑之建筑，央视新大楼；非建筑师之建筑师，库哈斯；荣耀与陷阱都不可效仿、不可复制，但我们必须承认和接受。

（本文原载于《建筑与文化》，2013 年第 2 期）

央视新大楼

（图片来源：东南大学周琦建筑工作室。摄影：姚力）

西方建筑师在中国

——从中国美术馆新馆的竞标说起

西方建筑师在中国的活动，几乎是伴随着中国国门的打开而一步步深入的。在西学东渐之风盛行的世纪初，工业革命带来的生产力提升不仅带给重工业和军事工业以改头换面的革新，同时给西方文化在建筑等间接经济层面以强有力的动力，去影响、改变其他文化，尤其是古远神秘的东方。这个时候，加上西方列强在中国沿海抢夺土地，建立各种形式的殖民地或租界，西方建筑便在中国生根开花结果。除去战争经济掠夺这个层面上的不平等，在客观上，极大促进了世界文化的交流。我们现在辩证地看待 19 世纪初西方建筑在中国的遗迹，结合当下开放的中国业已成为世界建筑师的舞台，可以总结出一个颠扑不破的真理：作为强势的发展完善的文明一定会对弱势的不成熟的文明产生影响。

在中西方建筑的漫长交流过程中，外国建筑师是如何看待不同时代下中国的建筑需求的？究其本源，西方建筑师在中国的活动轨迹，他们是如何从建筑的角度理解背景独特、源远流长的中国文化的？什么是适合中国的建筑方式？中国需要什么样的建筑？他们能在中华大地上创造什么样的建筑，产生什么样的影响？

客观评价以上系列问题，就能够得到这些由西方建筑师设计的矗立东方古国的建筑对于中国，对于建筑师本身的得与失。2013年初中国美术馆新馆的设计方案评选，就可以管中窥豹，作为我们讨论中外百年建筑交流史的一个话题。

简单介绍一下中国美术馆新馆：将于2015年落成的中国美术馆新馆位于北京奥林匹克公园内，于鸟巢与中国科技馆新馆之间，建筑面积近13万平方米，将成为全世界最大的美术馆。入围的每个方案都是来自优秀建筑大师的精心之作。

最终摘得桂冠的是让·努维尔（Jean Nouvel），最值得我们了解的是他对中国传统文化的强力表现。在建筑表现的黑白泼墨形式之外，用不为大众所熟知的剖面图，给我们展示了整个建筑的灵魂所在：它是来自于中国上下五千年传统的书法艺术，是隶书体的一个文字，罕有垂直线条，从笔触、风范、结构和效果上展示了其独特的文化基因，明显的黑白构图，仿佛用墨笔在宣纸上描绘图景，只不过是换个舞台，让建筑师用钢筋混凝土在自然空间中写了一个庞大的象形字。

作为法国有影响的建筑师代表，让·努维尔传承了欧洲几千年的文化传统。与重技术的美国建筑风格迥然不同，欧洲有几千年的文化底蕴，文化意识是根深蒂固的，他们对文化和隐藏在文化背后的人的意识的把握是敏感且独到的。让·努维尔的作品体现了欧洲建筑设计师的特点，将中国书法艺术的精髓与建筑的空间形式美充分融合，达到高度统一。虽不能说是完美，在短时间内对中国久远文化的把握和展示已经相当出色。

为何选择书法这种表达方法能够获得认可？因为书法是中国沿袭几千年变化最不显著的体现中国传统美的文化形式。中国美术史中作画与书法结合紧密，形神类似，不管是工具还是载体、笔触、表达形式等，都不可分割。让·努维尔以独特的角度选择书法艺术作为中国美术的代表，结合建筑的形体进行表达。

最值得一提的是我们在效果图或者建筑外表看不到任何具象的文化基因，比如大屋顶、红柱子、漏窗等，甚至所有看得见的构件中都没有死板的中式风格的简单模仿，但在建筑看不到的核心精髓创意和剖面图中，中国传统美术中书法的造诣无处不在，可谓“润物细无声”。从剖面上看，地上地下穿插的非常合理。我们可以看到这里面很有张力的一点是空间的对比：大和小、平面和竖向、规则和不规则、粗犷和细腻。这些将中国书法表面看似狂草又相当收敛注重停顿的文化内核体现得淋漓尽致，也验证了老子所强调的“既具有张力又注重收敛的”中国文化的深层分析结果。同时建筑内部效果的表现也相当突出，当人们从一层进入后会发现一个巨大的空间，只有几个点着地没有柱子，上面是曲面的天花板，仿佛天梯穹窿，加上用现代光学模拟的各种背景，绝对让人们过目难忘。

但是建筑的外形还是有争议的。这两个巨大的黑色的建筑，违反了中国人对传统建筑形式审美的情趣。当把抽象的书法艺术变为建筑的时候，当把平面的小尺度的两维的近距离观赏的书法作品变为三维的建筑的时候，就会出现不匹配。中国传统对形式审美的要求总结到根本，一是和谐，美的，赏心悦目的，与大地、与天空、与人的尺度和谐；二是有传承，即不要有本质上的变化，无论书法还是建筑，乃至工艺品的紫砂壶，千百年来最好的标准都没有很大的改变。中国人习惯于不打破传统，不推崇创新，倡导中庸。故宫太和殿就是一个集大成的最好代表。

极具创新后的形式该如何表达？形式的问题带来巨大的视觉干扰和冲击。未来两个巨大的陨石般的黑色建筑将会成为人们又一争论怀疑的当代建筑代表。

可以谈谈的是距离不远的奥运运动场鸟巢。鸟巢是有机形态的一个完美模仿，它在大自然中是可被发现的，它的结构是合理的，结合体育场功能后的建筑是和谐的，大美的。这种对普世价值的认可得到从建筑界到老百姓的一致认可。

在当代中国建一个国家美术馆，选择这样的作品还不是一个最佳选择，仅仅是所有作品中相对好的。最高级的形式应该是内核和形式的两者兼具：来源于传统文化的精髓同时又能有内在的含义，形式很美且协调。短时间创造的经典如果不美可能就失败，对比柯布西耶的朗香教堂，就明白与真正的经典之间的距离了。

让我们再看一下库哈斯（Rem Koolhaas）的效果图，其很有意思。通过央视新大楼的风波，库哈斯在中国的知名度骤升，有褒扬当然也有批判。在这样的背景下看此提案，我们能更深层的再次了解他是执柯布西耶旗帜的狂飙式人物，他是真正的非建筑之建筑师。

库哈斯的最大特点是对文化的理解，通过对人的行为、本性和社会的本质的深刻理解来表达他的建筑观，这个效果图就是诠释。这张效果图从视觉上看很普通，没有赏心悦目的创新形式，也没有高科技的宏大展示。但从细节上来看，图右侧比例较大的是一幅飘扬的五星红旗；左边的汽车也许就是国产的新红旗轿车；图中间暖色调的建筑并不是最大的重点，而是人，一群人挂着高级相机拿着可乐，衣装不那么整齐但又爱好时髦，混乱的在中国美术馆前的广场上排队拍照。这表达的是对中国社会的理解：人、建筑、意识形态、工具、符号、革命等。库哈斯美术馆的设计已经超越建筑，聚焦于场所和精神。

他没有严肃的提供一幅效果图，而是给了一张类似新闻图片的照片：建筑本身朴实无华，而在新美术馆广场上，在毛泽东题字的“中国美术馆”五个大字下，在虚拟的场所中拼贴出真实的在世界各地旅游的中国游客，人们混乱无秩序的在这个并不突出的新美术馆前交头接耳，背后隐约有长城的城墙，燃烧的火焰般的红旗迎风飘扬……希望借着中国人在当前发展改革中追逐世界的心态，表达对建筑的认知，在这个意义上，建筑的形式就不是那么重要了。只是再次告诉你他所理解的中国社会的诉求、中国社会的现状和中国人的各种追求。

当建筑师真正关注人而非建筑的时候，关注的是建筑的精神场所而非竖立纪念碑的时候，建筑师的精神就升华了，如此这般才能赋予建筑与城市更好的社会意义和社会价值。这一点大部分设计师已忽略，也是库哈斯风靡世界不断成功挑战世人认知的杀手锏。

在建筑的空间里展示人群要表达的东西，这是相对高级的设计意图。我很欣赏库哈斯这个设计的出发点，超越了其他就建筑说建筑的提案，从出发点而言他更直接有力地表达了要为人和人的精神意识状态来设计场所的信条。不论成功与否，都值得我们思考。但是问题又来了，当由文化和人的行为特质产生出的设计方案出来之后，我们还是要考察其形式的美和持续的经典性质。这个方案显然是有缺憾的，有临时拼贴的痕迹，不够严肃，不够严谨，离我们期盼的经久不衰的经典式样有很大的距离。所以在优秀突出灵感式的创意与永恒的期待之间有多大的差距呢？这个永远值得我们思考。

（本文原载于《建筑与文化》，2013 年第 11 期）

（a）

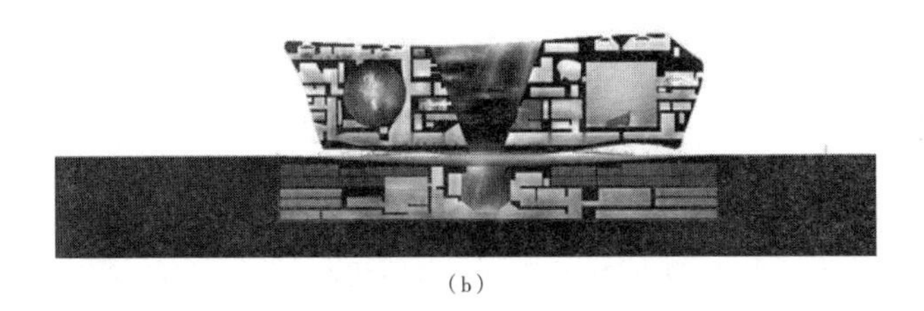

（b）

图 1　让·努维尔的设计方案

（图片来源：周琦．西方建筑师在中国——从中国美术馆新馆的竞标说起 [J]. 建筑与文化，2013，（11）：14-15）

图 2　库哈斯的设计方案

（图片来源：周琦．西方建筑师在中国——从中国美术馆新馆的竞标说起 [J]. 建筑与文化，2013，（11）：14-15）

传统建筑学的现代意义

——祝贺吴良镛先生获国家最高科学技术奖

2012 年 2 月，两院院士、建筑与城乡规划学家吴良镛先生和科学院院士、物理学家谢家麟先生一同荣膺 2011 年度国家最高科学技术奖。

吴良镛先生成为建筑学界获得该奖项的第一人，既表现了国家对城市发展、建筑事业和环境科学的重视，也说明了他的个人成就受到社会的广泛关注与认同。身为中国建筑与城市规划业界仰之弥高的学术泰斗，吴先生的此次获奖无疑是中国建筑界的一大盛事，也是对全国上下献身于这项事业的全体同仁和后辈的一种激励。

吴良镛先生 1922 年出生于南京，1944 年毕业于中央大学，这位乡音未改的前辈，通过自己的亲身经历，向东南大学的后学展现了一名“知行合一”的建筑学者应有的治学态度和学术信仰。

作为一名高瞻远瞩的思想者，吴良镛先生长期致力推动人居环境科学，倡导城乡和谐发展的举措。他的代表性成就“广义建筑学”

学说的开创，通过理论体系的构建，以其宽广的文化视野和深厚的学术底蕴，深深影响了中国的城市规划与建设行为。吴先生的探索体现了一名建筑学者的专业素养，更体现了一名知识分子的社会担当。他的远大抱负和崇高理想，对正处在巨变时期的中国当代建筑所造成的影响，足以媲美于米开朗基罗和柯布西耶这样划时代的大师对西方建筑作出的历史性贡献。

作为一名身体力行的实践者，吴良镛先生坚信城市规划和建筑学是致用之学，不遗余力地参与到实践工作中去，努力解决中国城乡建设的实际问题。1989 年，吴先生主持规划设计的北京菊儿胡同实验项目探索了旧城有机更新之路，荣获多项国内大奖，并得到国际学术界的高度重视。吴良镛先生一直认为，“民惟邦本，普通人的居住问题是建筑学最本质、最核心的内容。”正是这种博大情怀，使得菊儿胡同实验项目成为中国旧城改造工程的典范，这将会比任何形式炫目的标志性建筑影响更加深远。

“读万卷书，行万里路，拜万人师，谋万人居”是吴良镛先生的座右铭。在他摘取国家最高科学技术奖，为建筑界争得荣誉的同时，也给人们留下了一种思考——在当前中国的环境下，一种立足纯粹艺术、追求个性表达、坚持精英立场的建筑师，和一种关注国计民生、肩负社会责任、主张服务大众的建筑师，在这两者之间，谁能为中国建筑之路指明方向，执建筑界之牛耳?

吴良镛先生以他近 70 年的建筑生涯，已经在我们心中写下了答案。

（本文原载于《建筑与文化》，2012 年第 3 期）

吴良镛先生的封笔之作：南京江宁织造博物馆

（图片来源：东南大学周琦建筑工作室。摄影：韩艺宽）

工作室教学法

——建筑学训练的根本之路

建筑学到底是一门什么样的学问？它既不是纯粹工科技术，也不是单纯艺术创作。这样看来可能建筑学是不高不低、不上不下、不文不理、不工不农的四不像学科。尴尬的定位使大家对建筑学的认知仿佛盲人摸象，貌似建筑学包罗万象，必须了解力学、结构学、材料学等工科科目，也必须知晓绘画、文学、历史、地理等知识。

必须要有一个明确且清晰的学科认知才能在教育方式的选择上有理可依。建筑学显然不能按照纯粹工科的操作模式来培养学生，如此大而全、无重点课程安排的结果就是学生对知识的把握浅显而杂乱：理科能力是皮毛，工科程度很浅，艺术创作能力也没有得到充分的发挥。

该如何定位建筑学的教育方式？我个人比较倾向在艺术氛围熏陶中以培养设计能力为主导的教学法，运用艺术性的教学方式将学生对建筑的把握和理解激发出来。训练、设计和制作中需要的工科知识是学生进一步学习诸多基础学科的出发点。

让我们看看国内工科院校和艺术院校培养学生的两种场景比较：首先是国内工科院校建筑教育的时空图。进入大学校园的建筑系学生每天在教室和图书馆疲于奔命，因为建筑系的学科和基础课科目多且强度高：各种基础课（包括政治、英语）排满了课程表；下午课程结束后，傍晚还要抽出短暂的时间去设计室，为了第二天上交的作业设计图而不得不硬着头皮画图，完全不是发自内心的创作，蜻蜓点水般的设计训练几乎无用。而艺术学院中设计专业的学生，会在集中的时间里，在几乎没有其他课程的影响下，连续的高强度全方位地为某个命题来训练、设计和制作。他们沉浸在设计室里，工具一应俱全，从白天到黑夜，连续几周都为了这个创作全身心的投入，这种短期强烈的思维训练和操作训练会让学生在这种艺术氛围中快速地成长。

通过以上的比较，我们自然能够明白教学思路和方法的不同会带来迥异的结果。

从现象开始，我们分析建筑学教育的优劣。首先，工科教育的课程过于庞杂。第一类是政治、基础哲学、英语、文学，也有高等数学，这是基础的理学和人文科学。第二类是工科的知识，要学力学、材料和施工技术，还要学习建筑物理学，这又是复杂的体系。第三类是基础的美学，比如图案、工艺和设计等。这三类知识交织在一起，学生只能混沌的被动接受知识，他们会对这些知识的实用性产生怀疑。建筑学是不是需要如此全面的知识？答案是肯定的。建筑学当然需要这么多知识，它是众多门类的学问之集大成者。

其次，该如何搭建建筑学的知识体系？我们的建筑学教学方法是不是在一开始就要给学生所有方面的知识？这样无重点和无层次的教学结果是学生对人文科学涉猎不深，对工科一知半解：力学没怎么学好，所以材料学、工艺学和功能学由于兴趣度低和教学的浅显也等于荒废，最后在设计形式和美的艺术创作的表达上又明显能力不足，相比一个有创造力的建筑师有不可弥补的缺陷。如此培养出来的人才到底是工程师，是艺术家，还是科学家？好像都不是，又好像都是，这样似是而非的现实情况必须让我们有所思考。缺乏科学理性的思想方法，又没有扎实的人文积累，在艺术创作上也表现低能，让我们对现阶段建筑系学生的培养不能乐观。

科学是一种思维方式，是哲学，是一种智慧。科学和技术不同，智慧和知识不同。科学和智慧结合决定一个人的潜力。包含力学、材料学等的工程技术只是一个知识体系和工具，用来实现你某种设计的想法。恰当的技术、可靠的材料、因地制宜的手段，一切都是贴切和合适的。建筑并不是都需要高科技来建造，只需要合适的技术来完成。

倘若人才在以上三个方面的培养都有缺失，且先天的联系也没有建立，如此割裂的三个层面的能力只能靠经验和实践在每个人的成长过程中冲突撞击，有机的联系在自觉自悟中慢慢产生，这样太渺茫……所以在建筑学教育中，我们不需要试图让学生掌握所有的知识，应该用合适的教育方式让其了解应具有的知识体系，要抓大放小，抓主干做减法。用工作室创作型的学习状态让其感受自己的成长轨迹，不仅仅是知识本身，还包括这三个方面知识体系的有机联系。

这才是应该倡导的艺术性建筑学教育方式：在学校实验班学习空间内用连续的高强度刺激和训练，让学生感悟到设计、时空、材料和技术相融合，这才是有价值的学习。

（本文原载于《建筑与文化》，2013 年第 4 期）

南京艺术学院设计工作坊
（图片来源：东南大学周琦建筑工作室。摄影：韩艺宽）

历史遗产

历史遗产与现代生活

1　时代：历史遗产 / 现代生活

这是一个持续变迁的时代，技术进步、经济发展、文化传播所带来的变化，造就了现代城市文化的形成、更新与发展，它既是物质和现实层面上的展开，又是心理和精神的世界中的演绎。

这是一个寻找自我的时代，岁月的足迹，时光的身影，记忆的刻痕，种种历经了流年暗转而驻留下来的东西，让过去得以粘连到现在，能够挽留那些一再失去的往昔，辨识日益模糊的面孔。

这是一个不断向前的时代，高效的网络社会业已形成，生产和配置的运转系统裹挟着一切向前流动，全新的生活也随之开始自我重建，伫立在丰沛的物质构筑而成的高塔之上，眺望精神深处的心灵之帆。

这就是这个时代——一个新旧并列的时代，一个远近共存的时代，一个前后散播的时代。

那些边界、路径、区域、建筑、节点，曾经的历史片段从古至今，层层叠合，封存起远古的声音，定格为凝固的影像，铭刻成珍贵的记忆。他们把各个时代糅合在一起，形成的是多元混杂、辽远深邃的独特气质，蕴藏了丰富的历史信息。即便身处同一个年份，同一座城市，人们依然可以感受到截然不同的世界。

在这漫长的演进和发展过程中，所包含的具有留存价值的载体，也许会是一处遗址，一座建筑，也许又是一段残垣，一尊雕像，也许只是一个动作，一副表情——这些被统称为历史遗产的东西，深深地根植在现代的生活之中，以一种无声无息的架构，标注出原点的坐标，记录下各自恒定的位置和归属，帮助人们在持续变迁的进程中寻找自我，在寻找自我的征途中不断地向前。

这就是历史遗产之于现代生活所呈现出来的举足轻重的意义和不可忽略的价值。

2 抉择：矛盾性 / 复杂性

无法否认，这个时代，遍布着矛盾，充斥着复杂。传统与现代，排斥与包容，发展与更新，他们之间既彼此对立，又相互隐含。现代都市的发展过程，无可避免的是与历史遗产的相逢。

自由经济体系需要市场和消费的繁荣，同时又促进他们的不断扩张，政治、经济，以及社会心理交织的复杂动机，造成了城市建筑密度的增加、高度的攀升和体积的膨胀。同时，新的建筑作品被看作是体现美感和人类创造力的产物，在设计过程中，设计师对新材料、新工艺进行着诸多尝试，或者直接体现了设计者本身对某种观点的推崇。另外，历史遗产之中蕴含的是传统的生活理念和审美取向，体现出传统工艺和材料的特征。两者的差异是显而易见的。

两种意识形态的矛盾，演变成今天的两难境地。城市化的进程，对时代艺术的探索是不可逆转的，而历史遗产同样是无法抹除的记忆。他们看似相互抵牾，却又无法剥离。这种复杂状态源自于碰撞和角力的过程中，难以在物质利益和精神价值之中做出取舍。

应对两者之间的矛盾，实则取决于对待历史遗产的态度。

——历史不是古老泛黄的苍枯书页，它曾经清楚地映射出每一个时代的影子，是仍旧可以熠熠发光的明镜；

——遗产不是沉重难当的破旧包袱，它过去完满地承载了每一个阶段的养料，是依然能够散发余热的化石。

这是无法挥别的过去，这是紧握在手的现在，这也是让人憧憬的未来。

尊重历史遗产，就应该承认它穿梭时空的柔韧和绵延，坚信它深藏着一种特质，可以令它保有过去，留存至今，同时也能够面向未来。

如何保有这种特质，也许就取决于眼下对待这些历史遗产时所作的一次抉择。

3　策略：保护 / 发展

历史的信息会被最大限度的保留。历史的场景、环境和氛围，保留下来的外在形象，传统工艺、技术、构造和材料，是保护过程中重要的依据和标准，原真性是必须遵循的准则，同时赋予它迈向未来的能力。古旧的遗产在逐步消亡的过程中，利用现代技术促成它的再生和自我更新，令其可以面对将来的变化。这是可持续的保护方法。另外，是否可以选取一种灵活的策略。有些历史遗产，尚与生活密切相关，依然能够对人们的衣食住行造成影响，发挥作用。对于这样的情况，就能在保存其历史信息和场景氛围的前提下，对其进行现代化改造，让它继续满足现代使用需求，投身到社会生活中去。而有些历史遗产，久远而古老，远离现实生活，已经丧失了实际功用，则进行永久性的保存。可以将他们移进博物馆，进行展示，同时以其他方式再现真实的场景，两者相互参照，在现代社会中发挥展示教育和文化传播的作用。

根据用途来确定保护方法的灵活态度，根源于务实的传统，这正是传统精神遗产的特征之一——注重在现实生活中的生存与作为，经世致用。这种务实精神，与现代社会中的世俗内容相沟通，在高度发达的经济基础之上，在先进知识广泛传播的条件下，经由理性的指引，趋向于在现实世界中发挥自身的价值——试图寻找精神世界与物质世界的统一。如果历史遗产能够在现实社会得到及时的确立与扎根，那么就可以略去某些可能出现的抵触。

也许会有差别，他们会是经济状况引发的政治、社会等联系起来的连锁效应。毕竟个人所见的时代与世界，由于处境不同，经历、内心、审美、趣味的差异，或许形成的是相对独立的体验。即使这样，每个人的时代都是属于他自己的一个世界，其间依旧深藏着人类共同学习得到的、永恒不变的、不因时代变迁而改换的精神。

就像连接起过去与现在的每一条路径，即便不断分岔，总会通向未来——一个同样繁花似锦、同样五彩斑斓的彼岸世界。

（本文原载于《建筑与文化》，2008 年第 9 期）

图 1　修缮后的南京扬子饭店

（图片来源：东南大学周琦建筑工作室。摄影：苏圣亮）

图 2　修缮后的南京扬子饭店室内

（图片来源：东南大学周琦建筑工作室。摄影：苏圣亮）

图 3　修缮后的南京海军医院
（图片来源：东南大学周琦建筑工作室。摄影：韩艺宽）

图 4　修缮后的南京海军医院作为售楼部的室内
（图片来源：东南大学周琦建筑工作室。摄影：苏圣亮）

城市建筑遗产保护中的“左”与“右”

城市化进程中如何保护历史建筑遗产是每个国家在经济发展至一定阶段必须面对的问题。在中国的城市化进程中，历史建筑遗产保护如何与城市建设协调，左不冒进右不保守，才是对待历史建筑的最好态度。

建设部和文化部在1988年联合发布的《关于重点调查、保护优秀近代建筑物的通知》是中国近代建筑保护工作法制化的开端。至今全国范围内于1991年、2006年和2012年共进行了三次全国性的近代建筑普查工作，分批次地建立了“重要近现代建筑保护名录”，成为近代建筑遗产修缮、改造与更新的主要依据。总体看来，被列入“名录”的历史建筑的数量是增多的。仅以历史建筑遗产保护重镇南京为例，2012年第三次普查列入的保护建筑达到了965处、1500余幢，超过了第二次普查（302处）的三倍多。

这个数据说明，近代建筑遗产的保护问题已经得到了政府及社会各阶层越来越多的关注。另一面，伴随着“名录”一同出台的一些相关规定和政策，反而犯了对城市中历史建筑风貌的整体维护和改建过度保护的弊病。

分析这一矛盾的主要原因，建筑遗产一旦进入“名录”，确认被立法保护，改建改造单位对它的设计就会受到严格的限制。特别就更新改造而言，往往不会再有太多的操作空间。但从客观角度来看，近代建筑毕竟是历史的产物，用更全面的发展眼光来看，历史建筑在现今可能完全没有再次使用的可能，适度的改造势在必行。这个矛盾往往会造成以下几种后果。

首先是保护思维的程式化。认为对待近代建筑遗产只有“原样保留”一种方式，而忽略对其在更细致维度上的进行信息收集评估后的分级保护。通过多方专家在其历史价值、艺术价值、科学价值上作出更专业的评估后，因地制宜地制定方案，才是最好的保护方法。对保护历史建筑来说，能够把历史建筑的精华更加完整的展示在后人面前，同时又能延续其作为人居环境的最佳使用价值。美国芝加哥一百多年前的砖式结构的房屋还依旧在现代人的生活中扮演重要角色，不是没有保护和改建，而是保护外部建筑精华的同时内部空间不断在做合理化改造，每一栋建筑在新时代的保护中都获得了新生。

同时，出于专业角度的、对建筑本体的鉴别工作相对缺失，只是圈地保护建筑而不把真正需要保护的建筑细节做好测量和档案建立，单纯贪图保护建筑名录数量，不重质量，这种良莠不齐，泥沙俱下的“保护”和大拆大建的破坏在本质上并无区别，同样是不科学的历史观。

其次是难以从社会各界获得资金投入。近代建筑遗产的保护必然需要相当的财力物力支持，如果改造以后的建筑遗产不能有更大的使用价值，获得经济效益，单单靠政府主体推动改造，不吸引民间资本，是不能实现长远且全面的保护作用的。在一些产权并非公有的房屋中，这一困难更加明显，业主希望进行合理利用的主观愿望受到了法令条文的约束，使其杜口裹足，不敢前行。

最后是对城市稀有土地资源造成的浪费。近代建筑遗产往往集中于人口稠密的旧城区，接近城市中心的黄金地段。如果保护界限设定得过于宽泛，就会使大片土地进入历史保护区域，无法得到二次开发。而以多层小尺度为主的近代建筑区，其密度和容积率都远远低于现代城市的标准，如果严格按照原样进行全盘保留，就无法充分发掘地块利用应有的潜力。

事实上，历史建筑与城市现代化间的冲突，是很多历史城市面对的普遍挑战。与南京类似，日本的东京、韩国的首尔也是历史悠久的大都市，同样经历过高速建设的发展时期，但是就列入严格保护名录的建筑遗产数量而言，无论是东京的 128 处 199 幢还是首尔的 28 幢，都远远小于南京。这种态度值得思考。

现代中国出现过多次破坏重要历史建筑的痛心历史，我们需要时刻警惕。但同时如何真正去保护应该保护的历史建筑，如何让历史建筑焕发出崭新的面貌，才是我们真正应该去思考的问题。在这里我们无意去否定文物建筑普查工作的既有成果，只是呼吁一种更加理性的保护措施，根据现实情况，适度放宽针对历史建筑保护给出的硬性规定，保留设计中采取多种方式的可能性。

在作为“文化资源”的历史建筑和作为“经济资源”的历史建筑中间，在激进的“破旧立新”的“左”与保守的“原封不动”的“右”之间，为城市的发展需求寻找一个合理的平衡点，也让近代建筑遗产保护工作能够从一个单纯的行政监管问题还原为一个通过建筑专业设计方法重新整合资源的社会问题。

（本文原载于《建筑与文化》，2012 年第 9 期）

复古，怀旧，还是时尚？

何为复古风潮，在规划和建筑层面，理解的第一个层次是由于文物保护力度的加大，各类型的保护、修缮文物的行为增多，更多有价值的建筑被保护并重新进入人们的生活中。与此同时，政府和机构借文化遗产开发的形式，通过文物改造的契机开发扩建了大量的新的仿古区域、文化街区或是景点。

近一二十年来出现在国人眼前的复古建筑愈来愈多，他们不仅单体规模大，并形成建筑群的规模优势。但注意其大都用新技术去仿造古建筑，多为新瓶装老酒，其中还不免会出现区域中多个年代建筑形式混乱并存的现象。这些复古建筑的现状不能抹杀复古存在的合理性，存在即合理。需要看到其成功之处：身边的复古建筑能够通过建筑这个载体，提高人们对传统文化的认知和了解，这也是对国学复兴的有力支持。同时，规划和定位合理的复古修缮，能够迅速形成商业地标建筑或城市风格名片，本身也是商业和文化结合的成功典范。

我们需要深层思考：为什么会在新旧建筑力量此起彼伏的阶段出

现复古的趋势？复古的思想根源究竟是向后看还是向前看？

第一，在新生事物还不足以赢得人们真正认可时，传统的、有章法的复古情怀就会占据人们主要审美立场。建筑中尤其如此，现代建筑的轻、光、薄、透还没有从理论到实践上完善，发展了上千年且蕴含强大文化基因的古典建筑形式依旧是人们的最佳选择。复古的理由是充分的。

第二，人们对现代建筑初级阶段尝试的失望势必造成复古。或者说所有创新的压力都是巨大的。现代建筑的灵魂和章法不可能一蹴而就，需要摸索。在这个阶段出现新旧建筑风格同舞台斗艳也是建筑兼容并包思想的延伸。

在 19 世纪末 20 世纪初，零星的现代建筑大师还在尝试性地建设小体量的创新住宅，在趋势上有前瞻性的现代建筑在实力斡旋中还未能占据上风。复古成为现代建筑向古典建筑渗透发展中的必然产物。

中国建筑界自中华人民共和国成立后到“文革”前，对传统建筑基本持否定态度；改革开放至今的三十多年是中国现代建筑发展的阶段，其中近十年在中国的现代建筑发展中才出现了复古思潮。历史总是惊人的相似！不止中国在现代建筑发展到一定阶段出现了复古思潮，让我们在世界范围中寻找类似的证据。

作为欧洲文明发展代表的城市巴黎，也是在现代建筑史开端后复古风潮的产物。之所以说巴黎不是像罗马一样的真正古城，是因为当代巴黎大部分的城市面貌是 19 世纪中叶法兰西第二帝国时间的奥斯曼男爵对巴黎进行一次性城市规划改造的结果。巴黎城市年龄不过两百年，是一个按传统样式进行复古规划和建筑设计的典范。不仅有著名的圣日耳曼大道、塞瓦斯托波尔大道等的开辟，或是放射性广场的规划，还规定了新古典主义的石砌建筑为城市的主要建筑形式。同样案例还有 20 年代的美国纽约和芝加哥等城市的街区，在区域内出现对古典建筑形式的推崇，出现了典型的“向伟大的过去致敬”的纽约曼哈顿区和芝加哥新城市中心。不论是城市复古风格的设定还是区域复古建筑的集中，以上两个案例都是成功的。

中国现阶段出现的复古风潮，同现代建筑的百花齐放同步，这是独具中国特色的。我们任重而道远，因为我们在短时期就需要走完发达国家百年的发展之路，工业革命如此，现代建筑发展更是如此。如何让我们的复古不成为东施效颦？首先我们更需要准确定位和洞悉趋势：复古是创新之母。其次我们要明确复古的目的，不是为了修旧去修旧，而是要在保留精髓的同时去创造更有生命力的新建筑。

传统与复古是向伟大的过去致敬，如勒·柯布西耶向雅典卫城学习古典建筑之精髓，创造的却是完全崭新的现代建筑。复古的目的一定不是简单的修建老式建筑和街区，而是积淀创新的智慧。古典建筑发展千年，已建立起体系完整和规范清晰的建筑手法。现代建筑的风格、美学方法和建造工艺需要从中汲取养料。处于现代建筑发展的全球化氛围中，复古是创新的一个层面，真正的创新之路会很长，我们必须满怀期待！

（本文原载于《建筑与文化》，2013 年第 1 期）

南京秦淮河沿岸仿古建筑

（图片来源：东南大学周琦建筑工作室。摄影：韩艺宽）

旧瓶与新酒

门店遍布全球的星巴克是一个典型的旧瓶装新酒案例：星巴克最早是经营咖啡豆生意的供应商，于1971年在美国成立，经历半个世纪的发展，当今的星巴克已然成为全球咖啡文化的代表。追本溯源，咖啡的发现及饮用咖啡的习惯早在几百年前就发源于欧洲大陆，至今欧洲各个国家百年历史的特色咖啡馆还熠熠生辉。作为新酒的星巴克，将传统的咖啡及咖啡文化发挥至极致。咖啡的传统文化融入了现代系统的管理方式和规范的操作程序，可以将周到的服务和标准的产品推广至全世界任何角落，一种模式可以适应全世界消费者的要求。这个极其精密的关于制作和售卖咖啡的系统工程是其放之四海而皆准的根本所在。这就是无论新瓶旧瓶，无论新酒旧酒，文化及相契合的系统是最为核心的！

当代新建筑中也不乏这样的成功案例：在建造赋予新意义的建筑时选择传统的建筑形式，新旧相得益彰，其根本也是对传统建筑式样的深入理解。比如20世纪30年代前后在南京建设的几所大学就是这样“旧瓶新酒”完美结合的典范。南京师范大学，当年的金陵女子学院，是中国第一所完整意义上的女子学院；金陵大学，现在的南京大学，是由美国教会创立的。这两个大规模的新建校园都让中国学生在熟悉的传统建筑空间中接受现代教育。现代教育是酒，传统中式建筑是瓶，这样的新旧结合让这些有价值的建筑和其倡导的自由平等教育思想在古老的中华大地上生根发芽，建筑本身也堪称经典。

现在我们在城市化进程中遇到的旧瓶装新酒的问题，主要对象是以下三类建筑形式：文物建筑、历史文化街区和风貌保护区域。这三个层次保护对象，都使我们面临极大的困惑与难度。比如历史文化街区保护工作，需要保护的层面有建筑、结构、肌理和文化等，落实在具体的街区中就会遇见内外难以调和的矛盾。往往改造和保护的结果不是拆了重建，留下满目虚假的仿古建筑街区，就是修旧如旧，市场拓展性严重受限，仅仅成为可供参观的无生命力建筑。

典型的南京城南民居现在岌岌可危。南京民居现仅存于夫子庙、中华门附近的一小块范围内，是清朝鼎盛时期到清末民初最具代表性的民居建筑。这些由街巷、邻里和院落结合的居住空间一方面由于建筑的衰老，另一方面由于原有居住文化的丢失而变得失魂落魄。

过去，城南明清盛期最典型的民居，百余平方米的两进院落中居住了一家人，极具代表性的社会关系都发生在这个宅子中：四世同堂，一夫多妻，子孙满堂，子承父业。著名的《芥子园画谱》出版者李渔就是在南京居住的知名历史人物，他的旧居就在城南民居中，只能算是一个中等规模的宅院，现在正考虑修复。如今，这些院落被拆分成为好几家，先不论建筑是否能保护得好，当今的社会关系和建筑本身就是不协调的。

所以在保护这些街区的时候，外在建筑和文化内核已经产生矛盾。旧瓶已经装不了新酒，因为整个社会的生产关系、人际关系和政治经济制度都已经发生了变化。作为旧瓶装新酒倡导者的建筑师和规划师就需要思考：我们要保护什么？保护好外壳后还要考虑里面装什么？一个是瓶子的问题，另一个则是酒的问题。如何把旧瓶和新酒完美结合？

现实的保护结果都很令人遗憾，通常的状况不过如此：院落空间被整体破坏，把它改造成现代商业功能的街区，大多中小型串糖葫芦状的民居院落无法保存。人们用现代建筑手法，使用钢筋混凝土，用大跨度的空间将这些原本原汁原味的南方民居彻底改造成了徒有其表的建筑。大量改造都是用现代技术工艺做成框架结构，使原本的空间改变、肌理变形，当然也必然失去了其中的文化和人际关系。把瓶子改变成不伦不类的假古董，旧酒更无从谈起，这既不是传统概念下纯粹的古代建筑，也不是真正意义上的新建筑，这才是建筑概念上最可怕的事情。可怕的不是外在到底是新建筑还是旧建筑，可怕的是内在空间的格局是不是传统的。

我们在建筑概念上的建议是：不排斥甚至支持在旧瓶子里面装新酒，但是瓶子一定要是真正概念上的旧瓶子，不是不改变，也不是做假古董。这里的核心概念就是要理解传统建筑的真正灵魂，有以下几个层次。除了建筑本身层面以外，还有街区层面，各个尺度的巷子一定要维护。大街小街，宽巷子窄巷子，是包含历史文化肌理的载体。数千年文化秩序塑造了民居的格局，因此巷子要原味保护下来，小院落要有，整块的街区也要有。这种基本格局一定要有，因为这是建筑存在的文化本质。然后在其中我们应该装新酒，可以整合社会资源去做一些创意酒店或者相关文化产业，让大家在有序的环境中体会传统民居的韵味。

人没有了，人的社会活动没有了，这些我们无法挽回。但是建筑上固有的空间、尺度、肌理和建筑形式没有了，是建筑概念上不可取的态度和做法。我们无法复活李渔和当时的社会关系，但是我们可以像星巴克一样将可发扬的灵魂融入传统建筑乃至文化形式中去，这才是旧瓶装新酒的最好态度。

（本文原载于《建筑与文化》，2013 年第 3 期）

图 1　位于西雅图的全球第一家星巴克

（图片来源：东南大学周琦建筑工作室。摄影：Lula Chou）

图 2　南京老门东的星巴克店面

（图片来源：东南大学周琦建筑工作室。摄影：韩艺宽）

从老厂房到新街区

百年前的老工业时代，以重型机械厂房为主要建筑形式的重工业在城市中留下了大量工业建筑群落。历史回转百年，这些老工业建筑成为城市发展中需要特殊对待的历史建筑。他们在逐年老旧的过程中依旧散发出历史的醇香，如何保护和赋予他们新的生命，是当前城市改造中一个重要课题。

老工业建筑区一般位于城市老城区的边缘地带，在改造时有区位优势；同时体量适中，一般都有较好的绿化景观和生态环境；往往有不同历史年代的代表建筑，分散的集中在街区中。有历史跨度的自然有机体建筑是老工业建筑区的最大特点，认识到这个特点后，对改造的方式和方法论就应该有所认识，盲目拆除或单纯保护都不是适合的改造方式。

只有在经济性和有效性的基础上，针对工业建筑的技术体系进行综合评估后，对老工业建筑的保护和改造工作才能开始。一般有三种态度，一种是破坏性的全面拆除，可能最大地发挥了土地经济价值，市场经济效益势必最高。另一种是全部保护，由于工业定位问题，只能成为展示工业和公共绿化用地。第三种方式是因地制宜保留其中有价值的重要建筑，保护历史更重要的是服务当下。由于工业建筑群一般位于老城区且面积较大，经过第三种方法改造的历史工业建筑群可以充分发挥其商业特性，成为旧貌换新颜的创意产业基地，集合艺术、创意、设计和休闲服务业于一体的城市特色中心。

必须讨论工业建筑的资本所属的问题，这个问题关系到工业厂房改造的运行模式，直接决定合理的改造模式是否能够在城市建设中顺利实施。这里面有三类企业和四级参与者。三类企业为：以国有资产为核心的央企，以公共资产为代表的上市公司和经过改制以后的各类民营企业。其实现在多数待改造的工业建筑是民营资产，政府指导下的社会各种力量推动、社会各类资金积聚的综合性商业方式是最佳的改造途径。不是谁被迫去利用和改造，而是出于自身利益市场化地去改造工业建筑。四级参与者为：由政府部门规划指导，给予相关方针和政策，比如文物部门的保护政策，城市规划部门的规划意见；所有者在此指导下整合资本力量确定改造方案；经营者和所有者分离，规划设计建设新的工业建筑区，负责改造后工业厂区的商业化发展；最后一级是大众和用户，他们享受工业建筑改造后的新生命。只有这条产业链得以顺畅地传递价值，整个改造才是成功的。

下面来具体讨论工业建筑中建筑改造利用的思路。工业建筑往往不是需要严格保护的重要文物，而是历史建筑。这里有一个非常重要的概念，历史建筑。历史建筑不等同于文物建筑，文物建筑一定属于历史建筑。非文物类的历史建筑可以做翻天覆地的改造。可以用新材料、新技术、新工艺、新空间来重新包装、整合、开发、利用老建筑。

工业建筑改造给建筑师提供了很大的设计空间。保留基本历史风貌特征并最大限度地发挥建筑的使用价值是核心。类似手段很多，如用钢结构和玻璃来改造原有的砖木结构，将层高比较高的厂房分割成极具现代性特色的抽象多层空间。穿插、渗透、流动是现代结构空间的基本特征，完全可以在此类建筑改造中使用。还需要关注工业建筑区改造的功能分区，这点决定了改造后新型创意园区的合理使用。比如艺术街区、休闲服务区、创意产业园区等不同功能如何排布，与自然景观如何配合。在单体建筑和整个建筑区域改造的过程中，建筑师可以尝试不同的创新手段，也可以结合景观设计进行区域建筑规划，这是一个综合性的有创意的建筑项目。

（本文原载于《建筑与文化》，2012 年第 11 期）

（a）

（b）

图 1　南京和记洋行旧址
（图片来源：东南大学周琦建筑工作室。摄影：韩艺宽）

（a）

（b）

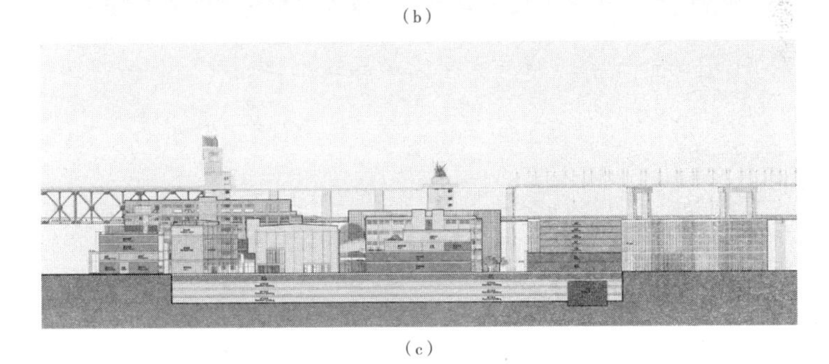

（c）

图2　修缮改造后的南京和记洋行展望

（图片来源：东南大学周琦建筑工作室）

《我在总督署说古建》序言

大约在两年前，刘刚先生和我说，他计划写一本关于总统府建筑历史的书，当时我将信将疑。刘先生在总统府从事研究与展览工作近 30 年，对这里的一花一木、一砖一瓦有透彻的了解，同时馆内存有的档案资料，也足以支撑起他的学术研究。再者，一个历史学者能够专注建筑研究，应该会有不太一样的视角。信任之余，让我疑虑的是，建筑学专业素养的缺乏，能否让他完成一部令人信服的对现存建筑解读的著作。可喜的是，十天前拿到这部《我在总督署说古建》书稿，花了十余个小时一口气读下去，我的疑虑大致消除了。

刘先生梳理了大院里的建筑历史和脉络，如数家珍般解读了所有重要的、次要的、大的、小的、木的、石的、古代的、近代的、中国式的、西洋式的建筑，还有历代修建的过程，与建筑相关的人物是非，书中记载，还有坊间传闻。有自己的理解，也有其他门类的学者的认识，洋洋洒洒，蔚为壮观。特别值得我钦佩的是，刘先生身体力行，爬上爬下，从房子屋顶到地下室墙基，仔细观察，认真记录，充满了热情和直觉判断。既有专业的认识，更有作为建筑使用者的真实感受。其实，我一直期待这本著作的问世，因为我也关注这宏大的建筑群数十年，一直想着手做同样的事情，但苦于档案资料难以接触，于是给自己找各种拖延的理由。有了这本书，我自然觉得，第一手资料有了。我们所谓的专业人士可以借此详细的史料，做些历史梳理和理论分析。确实，这个期待基本得到了满足。

总统府建筑群被学术界比喻为中国近代建筑博物馆，大致有两层意思：其一，记录了近代中国约150年的建筑发展。里面汇集了太平天国天王府的建筑遗迹和基本空间格局，晚清两江总督府的设置，还有后来孙中山临时大总统府邸，再有1927年中华民国正式定都南京后，直至1949年间的各类建设。其种类繁多、中西混杂的样式和空间，恰恰反映了那个时期中国建筑的发展历程。其二，除了建筑本身，更为重要的是这些实物是近代100多年中华民族跌跌爬爬、蜿蜒曲折的社会例证。用专业的术语来说，就是物质场所记录了人文故事。从南面广场看上去，极具西洋建筑特征的总统府大门给人以强烈印象，明明是中华民国总统府，为何采用拿破仑式的凯旋门？门的对面，原本还有一个照壁，这又是中国传统衙门的做法，类似城南夫子庙南面的红墙照壁。国民政府制定过一个首都计划，里面提到，官方建筑应该采用“中国固有式建筑形式”，以彰显传统文化的魅力。这个建于定都后的大门，显然有违初衷。这个疑虑让我困扰了好些年。看了刘刚先生书里的解释，我大致释怀了。原来，为了让政府首脑的汽车能直接开进府里，管理基建的一个官员情急之下修了这样一个凯旋门，作为大门之用，成为最永久的“临时建筑”。

进入大门的大殿，灰瓦红柱，对称敞开布置，这是清朝两江总督的衙门，和清朝的等级制度相称。因为只有北京的皇家宫殿才能用金色琉璃，大大的台阶，高高在上，威严庄重，反观这个总督府就要低调，谦虚很多。最近，我们着手修缮这个入口大殿，由于当时是为了汽车出入，整个大殿内外没有台阶，没有高差。现在百十年过去了，外面的马路不断加高，雨水倒灌，大殿内部常常积水。目前还没想到一个既不影响历史格局，又能解决水患的方法。

总统府里有一个西花厅，很有特点。当年孙中山把此地作为临时大总统官邸，在这里办公起居。这是一个颇为地道的西洋建筑，地面抬高底下架空，为的是防止潮气上来，也显示一些气派。当时的清朝总督，留着长辫子，穿着传统的官服，在这样一个西洋景的房子里办公，想象一下，也蛮有意思。其实也不奇怪，北京的老佛爷在圆明园里修了不少西洋景的建筑，这是当时西风东渐、对外开放的结果。

沿着中轴线走到底，还有一个老高的建筑，子超楼。这里是政府首脑的办公地点，30 多米高的钢筋混凝土结构的现代建筑，刚盖好的时候，曾经是当时南京最高的建筑，登到顶楼，南京城尽收眼底。

府里还有好多建筑，都有好多故事，看了刘刚先生的这本书，读者们想必会有不菲的收获。

最后还想表达我对刘刚先生的敬意和欣赏。想做一件事情不难，可以想好久甚至是想一辈子，可大多数人懒散不作为，所有美好愿望和决心都化为空洞。作者有一个优雅舒适的工作，可他不满足于此，虽身兼数职，却兢兢业业，刻苦劳作，接连出版了展陈、接待和建筑三本有关总统府的书。尤其是这本有关建筑的历史书，明明超出了他的专业范畴，他却带着极大的勇气和毅力，坚忍不拔，终于成书。

刘先生以此为家，以此为乐，人生数十年的幸福体验也不过如此了。

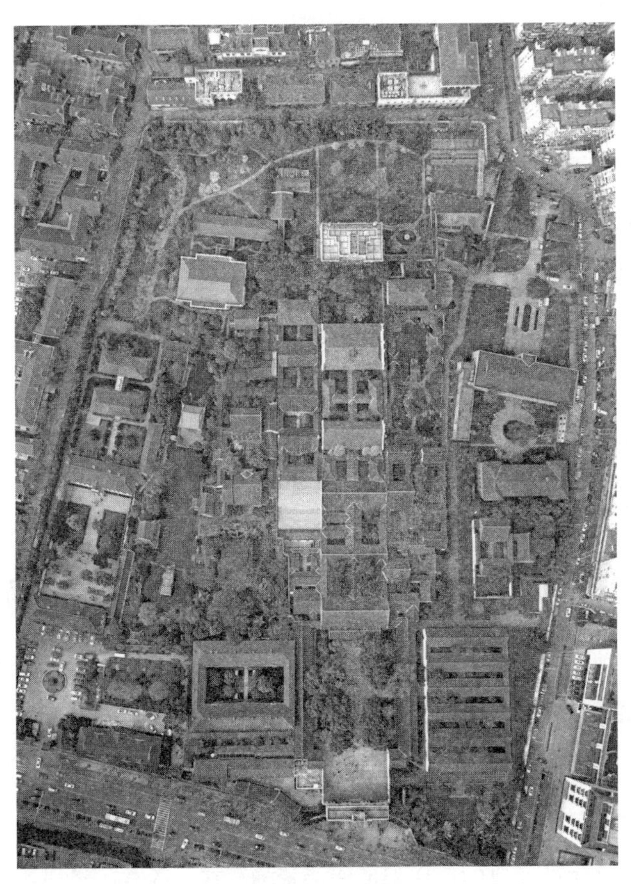

南京原中华民国总统府

（图片来源：东南大学周琦建筑工作室。摄影：胡志超，阮若辰）

说经典

当下年轻人喜爱流行，追逐时尚，一批新生代代言人最近有如此言论见报端：现今世界不需要经典，只需要快节奏的小时代的翻篇式抓眼球的文学或艺术形式来满足人们物质生活之外的精神文化需求。我不禁愕然，一方面为如此接近完美的经典作品为人们忽视而扼腕，另一方面为当下创作环境可能不适合激发灵感产生接近经典的作品而痛苦。作为崇拜经典、坚守创作的我，要表达关于经典的知识普及和理念。

什么是经典？经典当真存在么？

经典是永恒的艺术，它的特点是持久的，永远能够打动人的。它是真理，是神圣的，超越一切对美的呈现。经典的美存在于不同的艺术形式中，一以贯之的就是它能够让不同的文化背景、不同年代的人产生长期的震惊、折服、感动和铭记。

中世纪基督教神学家很早就预言了经典的存在：经典与上帝同在。借以通过经典的存在来证明上帝的存在。存在的经典不由得我们决定，它是来自上帝的指引。其结论是：经典是必然存在的，它是被发现的，不是被创造的。当然这是宗教的一种说法。

在创作过程中，不论是老子的《道德经》还是柯布西耶的朗香教堂，还有更多被历史积淀下来的奉为经典的音乐作品、绘画作品，都是无限接近上帝创造的美。遵循这种思维，真正的那个极致的它，被我们称之为经典的美，应该是一直都存在的，而不是由我们人类创造的。我们所做的工作就是将这种极致的美低损耗地表现出来，这种在人类称之为创造的过程，在基督教概念中只不过是发现罢了。

这个结论对我震动很大，本来所谓的灵感本身就是唯心的。必须在不断长期的思考中，在对经典的不断追求中，才有可能被上帝之手垂青。创作的过程一定是从混沌到清晰，然后又复入混沌继而更加清晰你所要表达的究竟为何，是一步步深入，痛苦、兴奋和焦灼的过程。其中灵感突现的关键点是自己凭空创造的还是因循发现的？我认为是后者，这不是小觑人类的能动性和作用，而是在见识了如此多且相通的经典作品后的臣服。试想，当年老子在中原大地的一间草屋中面壁而坐，是何种能力的累积让他能够写出精练的五千字向后世描绘天地万物之本？

如何创造和发现经典？

经典的反面是流行、时尚么？在消费急速扩张的当下时代，人们不断地追求更美的服饰和其他消费品，看似亘古不变的那种经典的美仿佛已经落伍。但是要从产生经典的两种方式上去分析，我们就能更深度地理解“经典”。

先说经典有两种诞生方式，传承积淀和横空出世。

在艺术领域如西方的雕塑历史中，写实雕塑出现在古希腊罗马时期，因为人们对科学认识不足，无法真正了解自我，与客观物体有关的作品都略显僵硬，一直到中世纪时期的一千年间还一直抱有着这种对原罪的恐惧而不能真正产生经典的雕塑作品。而文艺复兴时期，达·芬奇，是一位解剖学家，也是一位对肌肉、骨骼乃至血液的运动了解非常清楚的艺术家，就此通过雕塑的形式向外表达，创世纪般的真实和美，这就是雕塑作品中的经典。文艺复兴时期的作品也是西方雕塑的高潮，我们现今所表达和赞美的雕塑作品都传承自它。

这种传承在建筑艺术上最有代表性，西方古典柱式是整个西方古典建筑艺术最核心的部分，而柱式最早发源自“梁－柱体系”。石头构造梁柱，就可以建造房屋，继而会对横梁和立柱进行装饰，这些装饰方法在古希腊罗马期间运用了千年时间，创造了各种经典的美的建筑。一代代工匠在传承中更加完美地贴近经典，无论在尺度、工艺和几何设计上，还是数字概念和审美观念上都堪称完美。这样又在西方延续了两千年，形成了整体三千年的古典建筑的经典传承。所以说，任何一个符合西方古典柱式艺术的比例和审美的造型或者构图都是美的化身，无可挑剔，都应该归结为沉淀积累的经典。

同样的案例还有中式的斗栱大屋顶“PAVILION”。如木质结构的太和殿大屋顶，由不知名的工匠用千百年传承的技艺建造，甚至不知道建筑师是谁！三千年演绎下来的中式建筑样式精髓在清朝的故宫上得到最经典的展示：曲线、起翘、比例、结构、部件还有色彩的搭配、整体的协调。若能站在太和殿前的广场的高处向天空望去，深谙其道的你一定为之震撼，这是人们毫不怀疑的经典。

这些积淀下来的经典被我们理解称颂，但有可能是不合时宜的。现今人们不会再去使用柱式和斗栱来造房子，我们只能到博物馆或者遗迹中去体会经典的美。在传统的土壤不复存在的时候，我们时代需要什么样与时俱进的经典呢？这就是我要重点提出的问题：现时代我们要认可并创造什么样的经典？看似没有传承的、短期的、灵感式的、逆生长般的爆发而出的美，是不是可以被人们当作经典一样接受？它或许不会被复制，可能还是反传统，但是不得不承认它是经典，一如毕加索的雕塑。人的一生在社会历史长河中不过是短暂一瞬，可是天才般的毕加索创造的美为何能如此惊天动地？

承认两种产生经典的方式，符合现今社会文化丰富性和复杂性的特点，让我们创造的美可以超越贫富、横贯东西、感动众生，能够如宗教一般教育人、感化人。

非传统的，没有经过时间的积淀，横空出世的完全创新的经典，为什么会存在？

时下认可的美好的事物被称作流行，流行音乐、流行发型、流行服饰……短期被接受后又迅速被更替。大家迷恋追逐流行的状态，殊不知流行转身就是落伍。这样的审美观造成了社会大量消费品的更替但是形成不了长时间感动人的经典。

我们的社会在任何阶段都需要经典，这点毋庸置疑。如果我们可以接受传统的经典美，现今信息爆发的年代，那种没有传承的爆发的灵感式的短期的甚至是逆生长式的经典的美，是不是我们更应该鼓励和珍惜？

这种横空出世的经典的美，人们凭直觉会认可它，它不仅创新同样也反映了美的本质，更因为这种经典的美是不能被模仿，更不需要被传承。因为它已经足够好，犹如上帝直接指导人类而创造。它没有固定的语式或表达，因而不能被模仿。它将提升到极致美的过程都内化在被创造前，他展现的是仿佛经过千年磨炼的经典的另外一面。

让我们从法国建筑大师勒·柯布西耶关于自己的一般创作方的叙述中一窥："一项任务定下来，我的习惯是把它存在脑子里，几个月一笔也不画。人的大脑有独立性，那是一个匣子，尽可往里面大量存入同问题有关的资料信息，让其在里面游动，煨煮、发酵。然后，到某一天，咔哒一下，内在的自然创造过程完成。你抓过一支铅笔，一根炭条，一些色笔（颜色很关键），在纸上画来画去，想法出来了。"如此创造出一件不可复制、达到经典艺术最高标准的作品，唯一不同的是他的出生道路。

现时代如何鼓励去创造经典？

我们往往会想到去鼓励创作经典的大环境，但其实真正称作经典的作品一定是小众的天才性的发生于大师领袖范围的创作。所以以下讨论的创作动力都是从创作者角度内省的分析，不涉及整个社会环境和氛围。

勒·柯布西耶设计朗香教堂的机缘，也很巧合。法国中部山区很偏远的地方要建一个小教堂，一直邀请他前去设计，原来一直对此不感兴趣的他，坐着长途汽车昏昏沉沉地到达现场后，觉得这个好，周围环境和灵感都到达了最佳状态，反反复复的多次深入表达铸就了这个经典。对于准备好的人来说,这就仿佛上帝给你一个机会，给你一个机会去表达上帝的声音，做出一个让全世界瞠目结舌的经典作品。

经典这个事情很唯心，就如灵感一般。它是如何而来？思想性的追求是一股很可怕的力量，没有什么事情是在人们长期执着反复追求而无果的。在现代浮夸的环境中，执迷于一个领域中的力量，是创作的根本基础。对一个人来说是长久的，但在历史中其实不过是一瞬间。以上总结下来的是第一点，创作者长期执迷于一个领域的不断探求是基础。

第二点，要相信直觉，而不是去模仿、去作什么市场调查、案例分析。当你把周围所有的资料研究清楚后，你只能总结规律而不能创作，更谈不上创造什么经典了。就像乔布斯的苹果，创新地去引导消费者的使用习惯，而不是去调查分析。

第三点，内心敏感的自省。陈丹青最近有言论我不能认可，说美术学习不用基本的素描等训练，因为有相机还学素描做什么？可能这样是批判时下的教育制度，但是素描对于培养造型能力和观察能力是十分有必要的，人们捕捉信息、再思考再创造是不可替代的。不仅仅基本功扎实才能发现创造美，还有另外一种更加有效的方式：

灵感式的创造。乔布斯唯一的对美的训练是学习了很短时间的西洋经典书法，贝聿铭对绘画不太擅长，密斯也更加不是一个会画画的人，但是不能否定他们创作的作品的美。这种极致到无可挑剔的美不是通过类似绘画这样的艺术训练而达成的，不是注定的，而是通过其他方式：一种非常敏感的向内的自省发现掌握进而表达的。每个人都有天赋去挖掘内心发现的美，只有少数人有足够喜欢、非常沉迷而且具备灵感产生的沃土，才有可能去创造经典。

其实，所有经典的创造都有传承积淀。这种传承不可忽视，没有人能够否定经典创造者的文化、背景、教育、民族、传统等。神奇的是所有经典不是反传统的，只不过在形式上是完全崭新的。这种貌似从天而降的经典是另一个形式的传统经典的表现。经典是将所有的传承通过一个极端的方式表达，是将所有的积累压碎后瞬间表达出来的新事物。人们只是没有能力去发现我们所说的新时代的经典与传统的经典千丝万缕的联系而已。我们要在这个概念上去认知新时代的经典和传统的经典的殊途同归。

认知经典对我们人类有着不可忽视的意义，承认发现经典的道路将是任重而道远的。这种对待经典的态度需要我们一直保持下去。

（本文原载于《建筑与文化》，2013 年第 10 期）

中国建筑彩画

（图片来源：东南大学周琦建筑工作室。摄影：韩艺宽）

当代中国低密度住宅设计中传统与现代的矛盾性

——以九间堂为例

20世纪初到现在一百多年来，中国本土文化一直面临着西方文化和现代技术进步所带来的巨大冲击，中国人的传统居住文化也不例外。尤其是改革开放以来，中国传统居住模式越来越多地被西方社区概念所取代，表现在多层、小高层和高层为主的居住形式的逐渐更替以及居住理念的颠覆性变化。中国传统居住模式应该走向何方？数代本土建筑师在不断探索中国传统居住模式与现代居住模式结合的种种可能。然而，由于土地紧张，人口数量过大，城市化进程速度加快等诸多原因，导致了中国经济发展模式非常类似于西方工业化进程中的发展模式，这些探索最终没有形成太大成果。

近年来，随着人民生活水平的提高，部分人对高品质住宅的需求增大，与此同时，建筑师也开始有空间有条件研究不同以往的居住模式，其中的低层低密度住宅形态越来越多地受到人们的关注。尽管这些模式中仍然不乏沿袭西方的做法，如美国式的独立住宅

（Singlehouse），西欧式的联排住宅（Townhouse），等等，但是最近在北京、上海、深圳等地也出现了一些中国传统住宅与现代设计理念结合的设计案例。在这些略带实验性的尝试中，表现出一定的对新模式的大胆设想，当然也表现出了比较生硬，不够完善，尤其在设计理念上缺乏有机性和内在关联性的不足。针对上述现象，我们做了一些调查，就其中上海九间堂别墅项目作一些粗浅的分析。

由严迅奇等设计的上海九间堂别墅项目在传统与现代结合方面做出一些探讨，以其富有创意的空间，做工精美的细部，考究的材料而著名，堪称当代中国住宅设计精品之作。九间堂是以传统院落空间为主体，结合人造水系，形成的 40 余套以庭院式住宅为整体的现代水系村落，总占地 10.8 万平方米，建筑面积 28722 平方米，每套别墅户均占地约 2000 平方米。本文挑选其中最早落成的样板间作为分析对象，对其设计理念加以分析，从传统性和现代性的融合角度全面地了解其深层价值与特点。

1　传统空间形态的传承

中国式园林院落空间的基本特征，在于散落布置的建筑和围墙，以及彼此之间浑然天成的融和感和无处不在的细部关系。通过对九间堂别墅空间作图底关系的分析我们发现，其空间主要体现在院和落的层次组合上。考查九间堂别墅单体院落，其中最大的开敞空间我们可以称为院，由建筑体量围合而成的较小的开敞空间形成一个落，更小的开敞空间是一些井。三者在系统的搭配和与建筑实体的

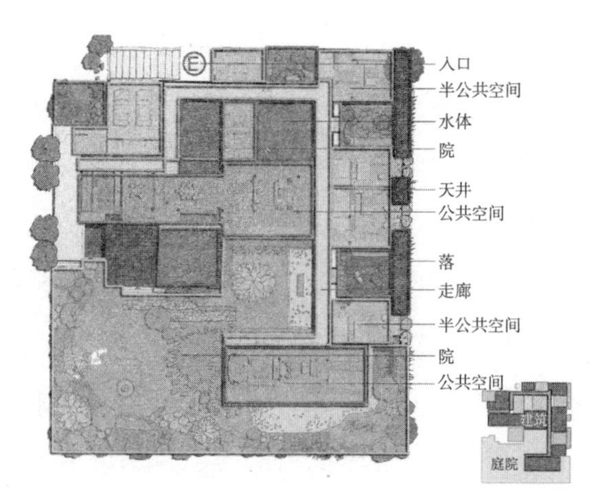

图 1　九间堂平面分析

（图片来源：东南大学周琦建筑工作室。杨红波绘制）

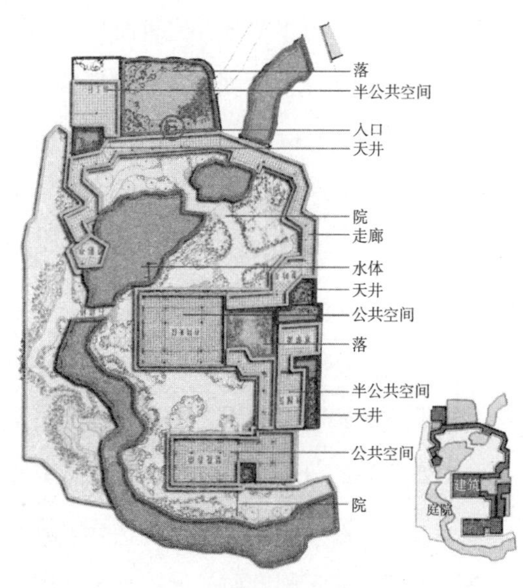

图 2　留园冠云峰分析

（图片来源：东南大学周琦建筑工作室。杨红波绘制）

衔接关系上表现出极强的弹性，这与中国园林中疏密有致的特性不谋而合。而进一步将九间堂别墅和留园冠云峰院落以及上海大观园潇湘馆院落图底关系进行比较之后，发现三者有着较高的相似度。

这种相似性具体表现在：院落的相对位置和大小相似；室内外空间的相对关系相似；室内外空间围合构成手法相似。据此我们不难揣测：设计者在构思中试图将传统的园林空间进行一定的抽象和变形后，提取出一定的系统结构模型，根据方案实际地形和外部环境的需求，拓扑成全新形式展现于一个当代的物化体系中。

2 现代住宅的困境

2.1 现代生活方式与传统空间环境的矛盾

提到原形空间的复制拓扑时，我们有必要谈到原形空间在过去使用时人们的生活方式。过去人们的生活方式、家庭人口组成、生活气氛甚至包括环境本身，与现代的情况相去甚远。中国封建社会的数千年积累决定了当时是一种以男性为主导的生活方式，女性的住宅一般都布置在院子后部或相对隐蔽处，甚至有可能在合院的最后的几进，层高也比较低。与此同时，传统的中国封建社会实行一夫多妻制，全家共同生活在同一个宅院之内，人与人之间需要保持恰当的聚分关系。曹雪芹在《红楼梦》里面有着此类的描述："一时黛玉进了荣府，下了车。众嬷嬷引着，便往东转弯，穿过一个东西的穿堂，向南大厅之后，仪门内大院落，上面五间大正房，两边厢房鹿顶耳房钻山，四通八达，轩昂壮丽，比贾母处不同。"它再现了当时宅院环境中芸芸众生的生活景象。

由于过去多是一夫多妻制或者三代或四代同堂，家里的人有的高达数十人。这其中尊卑有序，男女有别，建筑布局应该做到有分有合且疏密有致，这种生活方式决定了过去的大户住宅需要做成散落布置的模式，这种自我一体的空间概念是多层体系，内外有别，包括不同层次的空间序列：公共→半公共→半私密→私密。然而，考虑到中国园林的院和落是特定历史条件下的产物，其所形成的条件与现在的环境已经相去甚远，可见设计者的这种将原有园林住宅原型在赋予新形式后进行现代诠释性引用的做法缺乏对现实环境的充分考虑，缺乏一定的合理性。主要由于场所需要表达的生活舞台与现实之间有着相当的矛盾。

人们在里面居住的时候就会显示出诸多弊端。诸如现在的核心家庭，子女与父母之间需要特别密切的交往，而在九间堂别墅就缺乏这种彼此融洽沟通所必需的物质环境，无法感受相应亲切尺度感，造成人与人之间的关系变得疏远和冷漠。

设计者的这种设计手法直白地引用中国式园林的院落空间而没有切实考虑当代具体的生活方式，这是造成上述矛盾最为内在的因素。场所发生的故事是相对确切的，一般具有特定时间和特定环境。因此如要考虑引用过去原型空间的合理性和现实性，应该考虑古代和现代的生活差异，而不是在保持其院落空间一成不变的前提下生硬地将这种园林式的空间赋予现在的材料和形式。

2.2　生态需求与传统空间环境的矛盾

考察一下（抛开风土文化差异不谈）当时的条件下为什么做院、

落和天井？除了人们之间的关系之外，还有一点十分重要，就是设计建造当时所处的自然环境和气候条件。住宅中有很多天井和院落，走廊是开敞的，一方面为了满足人们的活动和空间体验，另一方面是为了被动式调节室内气候。以夏天为例，由于空气热压差，热空气通过天井、院落向上对流，形成较好的循环通风效果，从而改善建筑室内的气候。如今在苏南地区，建筑每年大部分时间是在完全封闭的人工气候下运作。人们经过粗略计算，为了调节空气，九间堂别墅这种豪宅一年中绝大多数时间是在人工气候下运作的，而且由于人为地增大了建筑的外围表面，过去用来改善空气状况的院落、天井反而成为当代节能生态环节中最薄弱的环节之一。

众所周知，在生态住宅中，在同样的空间体积下，外围表面积越小，其外围保温隔热性能越好。而中国式园林里面的很多空间都是拐弯抹角形成的，建筑外围空间非常大，所以其散热面积很大，而设计者在设计九间堂时，也较少考虑建筑热工性能：单层玻璃，金属隔断，20 厘米厚的墙，因此后来建筑的运行成本就显得相当昂贵。这种不假思索地复制过去院落的效果，由于它相对多的暴露面和相对开敞的结构，恰恰变成了现在生态最薄弱的环节。相反，如果按照这个建筑的布局，用生态的手段去实现它，将会在形式上作出很大程度的牺牲。同样的院落空间，如果用厚墙厚玻璃去做，效果就大相径庭了，其外观将呈简洁的几何形体，具有较强的厚重感。

根据九间堂的设计效果展示，玻璃的透明度几乎达到了 100%，其意图在于模拟过去廊子的效果。然而如若廊子简单地加一层似乎是通透的玻璃，却与传统庭院住宅中外廊存在的意义产生了非常大的区别：调节气候的灰空间就此消失，由于玻璃的隔热效果相对较差，无论冬夏，这种机械的做法使得走廊成为热交换最活跃的部位之一，从使用效果上说，这将给人们的日常生活，尤其是环境的可持续发展带来极大的影响。

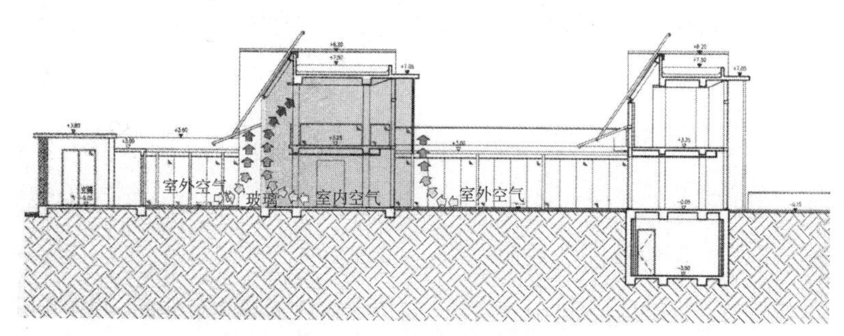

图 3　九间堂空间关系及空气循环

（图片来源：东南大学周琦建筑工作室。杨红波绘制）

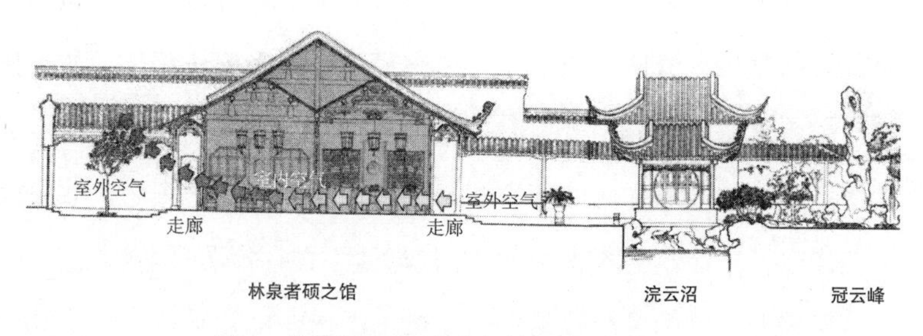

图 4　苏州留园冠云峰空间关系及空气循环

（图片来源：东南大学周琦建筑工作室。杨红波绘制）

2.3 材质处理与居家氛围的矛盾

由于设计者试图将传统的园林空间进行一定的抽象和变形后，赋在一个当代的全新的体系中，因此操作方法的合理性显得十分重要，而设计者是怎样赋予九间堂材质和形态的呢？在设计中选择以“轻、光、挺、薄”为特征的现代材料作为主要的质感，如玻璃，金属，磨光大理石，同时运用强烈的几何形态构图作为主要的构图手段，如用大理石贴面的矩形水池取代中国园林里曲折自然的驳岸和水池。然而，在中国传统建筑里面，赋予人居家的亲切感的往往是木头、砖墙、石灰这些相对朴素的材质，这些与九间堂别墅采用的材质和构图形态存在矛盾性。在这种设计原则下形成的九间堂在气质上更像一个展览建筑，而不是具有亲切氛围的居家建筑。

3 结语

综上所述，九间堂的设计理念在于对中国传统民居和园林空间进行考察认识并从中提炼出抽象模型，最终在现代建筑中加以体现。设计者为了强调现代感，避免让人产生直接引用传统形式的印象，特意用了现代的形式手法材料赋形，这就形成了九间堂集群建筑现在的风貌，这种手法是不是真正体现了传统和现代的融合呢？答案是很明确的。

根据对九间堂的全面分析和自身的理解，我们发现传统与现代之间的探讨主要集中在以下两个方面：

首先，要全面探讨当代各阶层人群的生活习性，家庭人口，文化特征等方面与传统的差异，这是我们创造的基本前提和设计要素，而不能对传统空间简单理解和直接引用。

其次，要在人工气候的条件下，做到生态、节能和可持续发展。在当代城市生活中，人类不可避免地使用人工方式来改善室内气候以实现居住的舒适性，所以尤其对低密度住宅而言，除了要求豪华之外，节能和生态也同等重要。因此，对其空间的组织要节制，设计时需要有针对性地对建筑布局模式进行推敲，体量要相对完整，以符合生态学住宅的要求。

历史和现代的融合的设计尝试仍然有一段很长的路要走，但越来越多的实例表明，我们的设计更多地需要提取传统空间的精神特征，并因地制宜地根据显示情况形成针对性的设计策略，这种弹性的手法才有可能适应全球化背景下的地域性建筑的全面复兴。

（本文由周琦、杨红波合作完成，原载于《建筑师》，2006 年第 3 期）

参考文献

[1] 严迅奇．九间堂——另类的别墅文化 [J]. 时代建筑，2005（6）：108–113.

[2] 潘谷西．江南理景艺术 [M]. 南京：东南大学出版社，2001.

[3] 上海市园林设计院．悲金悼玉——上海大观园建筑园林艺术 [M]. 北京：中国建筑工业出版社，2003.

[4] 曹雪芹，高鄂．红楼梦第三回 贾雨村夤缘复旧职 林黛玉抛父进京都 [M]. 北京：人民文学出版社，1996.

[5] 孙大章．中国民居研究 [M]. 北京：中国建筑工业出版社，2004.

历史建筑保护中的设计问题

——南京大华大戏院维修改造工程

大华大戏院维修改造工程面对的最直接的问题就是：一个近80年历史，损毁严重，长期处于半停业状态的老戏院，经过更新之后，能否在保留历史风貌的同时，满足当代观影建筑的规范要求，并在电影市场日益繁荣的今天，直接面对后来居上的现代化影城带来的竞争，独立生存下去。于是，此次大华大戏院维修改造的整个设计过程，即是对这一设问的全面解答。

1 前期调查与研究

1.1 历史背景

大华大戏院（中华人民共和国成立后更名为大华电影院）始建于1934年，1935年完工，由著名建筑师杨廷宝先生主持设计，是民国建筑“中西合璧”样式的典范。设计对中国传统装饰构件和图案加以简化，突出入口、檐下等重点部位，用现代的技术和材料、简洁的造型、实用的内部空间，创造出民族建筑的新风格。是当时南京标准最高、规模最大的影剧院。

大华大戏院的建筑外观以仿制西方现代样式为主，部分结合中式细部的处理方法，整个造型端庄典雅，兼有民族性和现代感。其内部空间设计独具匠心，又以门厅部分最为精彩：入口处是压低出挑的宽大雨篷，进入门厅后豁然开朗，门厅通高两层，由 12 根大红圆柱支撑，平面为“口”字形，呈内院回廊式，迎面正中设有宽大的台阶直通二楼休息平台，平台左右各有通道连接后面的观众厅。整个门厅在严谨对称的几何造型中，通过屋顶的起伏，形成富于变化的空间轮廓。

大华大戏院是中国传统建筑的精美装饰和西方现代建筑的简单造型成功结合的范例。门厅内部运用带有民族特色装饰构件、线脚、浮雕、彩绘、纹样，结合高大厚重的墙体和立柱，在烘托出整个大厅的金碧辉煌的同时，又不失中国文化的祥和氛围。参酌古今、兼容中西，是大华大戏院最突出的艺术特色。

1.2 建筑现状

大华大戏院已经大大超出了设计使用年限，建设单位、南京文化投资控股有限责任公司于 2007 年、2008 年两次委托相关部门对该建筑进行现场勘察检测，结果显示其结构自然老化严重，墙体多处开裂，屋面损坏严重，存在严重的安全隐患。

整个建筑外墙，尤其是后面的观众厅部分，门窗破损严重，裸露在外的管线杂乱，随意张贴的广告条幅和悬挂的空调外机等，直接影响到外形的美观。

门厅部分室内情况略好，但也有不同程度的磨损和污垢。表面开裂、涂料剥落、色彩消褪等情况明显，并有两处影响门厅空间效果的木构加建。门厅的屋顶部分也有过改动，与历史原貌不符。

更严重的是，大华大戏院曾经历过多次改造，对功能、结构、装饰以及空间等方面作出了较大的调整，特别是观众厅部分，采用钢筋混凝土结构对大厅屋架结构进行过彻底替换，这种不可逆的永久性改动，使其几乎完全失去了历史建筑的原有特征。

1.3 现代化电影院的运营模式

在设计前期，与委托方、南京文化投资控股有限责任公司针对现代化影院具体经营要求问题进行沟通，查阅相关资料，全面了解当代观演建筑设计要求，确定重新设计观影厅部分时需注意的相关要点，例如，座位数的要求、大小观影厅的比例分配、候场区域和周边商业功能的结合，对进场回场流线的设计，这些问题直接关系着电影院维修改造完成以后能否成功地重新投入使用。

通过对上述调研结果的分析，可以看出，大华大戏院的维修和改造，首先牵涉到一个以现代眼光对历史信息进行筛选与甄别的过程，其次面临着一个传统与现代之间功能更替的矛盾，最后集中为一个处理新旧共生的设计问题。因此，从这些方面为出发点，提出的解决措施就可以总结为通过建筑学手段抹除这些鸿沟的“对接”工程。

2 维修与改造设计方案

2.1 “历史性对接”——修缮前厅部分

作为省级文物建筑，大华大戏院保存较为完好，艺术价值较高的前厅部分，其历史信息将在改造后得到保留，对于现状中已经改变的部分，尽可能地依原样进行恢复。通过查阅历史文献、影像资料，研读杨廷宝先生当年的设计图纸，历年的测绘资料，最终确定以下修缮方案：

（1）取消“大华电影院”现用名称,恢复民国时期“大华大戏院”历史名称。

（2）对前厅中的结构构件以及内外装饰，采取保护性修缮，使其恢复历史原貌。拆除门厅中的木构加建,恢复原有风貌和空间格局。对天花、柱子、楼梯、墙壁、门窗等部位不同材质的装饰根据具体情况进行清洗、修补或者替换。

（3）拆除前厅屋顶上的原有搭建，加盖玻璃天窗，使整个建筑体量完整地显现出来的同时，也改善了前厅部分的采光条件。

2.2 “现代性对接”——全面改造观众厅部分

针对历史原貌已经遭到完全破坏的观众厅部分做较大的改动，根据具体要求，在维持原有建筑体量及外观不变的前提下，将其重新设计成现代化多厅电影院。并在保证前厅部分结构安全的前提下，在观众厅部分增加一层地下室，用于停车场、设备用房和附属用房。

初步构想包括以下几点：一是改造后的观影厅与中央商场在内部进行连接，两部分人流能够进行交流和互动，功能也互相满足，这种做法符合现代商业与影院互换互动的要求。二是新建的观影厅中需要包涵以下几种功能：首先，大小不等的电影厅，使其能够满足不同时间段、不同观众数量以及多部电影同步循环放映的要求；其次，现代化电影城要求娱乐、休闲、餐饮、文化类购物等综合性功能；最后，必需的配套用房，如售票处、放映室、管理办公、卫生间，等等。三是现代观影建筑必备一定数量的停车位，原大华大戏院地上地下均没有任何空间能够满足，结合本次改造，充分挖掘地下空间，既能开辟出停车场，也能增加与影院功能相配套的娱乐设施。

这些做法将在结构、建筑与城市规划许可等各种因素都满足的条件下，使前厅部分和观众厅部分通过恰当平稳的空间过渡，实现新旧衔接。改造之后，观影厅部分的外形、体积都没有发生太大的变化，忠实于原建筑形体。同时，在新的建筑立面中沿用原先的设计风格，注意新旧部分在风格上的协调统一。

具体的做法如下：

在不影响周边建筑的前提下，把后半部分的大观影厅全部拆除，置换为三层七个大小不同的观影厅，地下设停车库，与门厅地坪相隔 5 米以保证文物建筑的结构安全。在南侧与东侧和中央商场联通，在原影院建筑轮廓的南面加建玻璃廊道。观影厅的主入口朝向原有门厅部分，通过自动扶梯上下。

2.3 “空间性对接”后续方案调整

改造方案在初步确定之后，在其后的深化设计中，又做了一些调整：

首先是由于外部条件的限制，大华大戏院和中央商场的连接最终未能实现，因此原先计划的连廊被取消了，随之带来了一些对观影厅进场散场流线的重新设计。其次是根据委托方的要求，对座位总数和每个观影厅的厅容量做了改动：一是将售卖部分全部移至门厅，以争取更多的观影厅面积；二是对大中小观影厅的比例重新分配，并增加一个 25 座 VIP 厅，满足不同阶层的市场需求。

最主要的更改还是出于空间品质方面的考虑。杨廷宝先生设计的门厅部分，平面严格遵从古典秩序，中轴对称。因此，对观影厅中间部分走道的重新设计，强化了这种轴线关系，继续采用了对称布局，实现了新旧两部分在空间关系上的延续。这样，改建部分的候场以及走道部分之间的对位关系，就通过在门厅部分沿中轴展开空间序列的重复，在空间层面上和原先的前厅部分实现了融合。

3 结论：遗产保护中的设计问题

大华大戏院整体修缮与全面更新工程，相比于常规设计来说，有着更多的限制条件：比如历史信息的保留、遗产保护的基本原则、具体的使用要求等。这个设计探讨了一种建筑遗产保护的模式：历史建筑在改造中常常不可避免地需要对其进行翻新，如果仅仅是恢复原样，就很可能无法从根本上改变它当初颓败的原因，只有吸纳进新的时代特征，才能让它成为城市生活的一个新部分而得以继续生存下去。这时，历史保护的问题在本质上就成了一个设计的问题。

（本文由周琦、林民杰、王为合作完成，原载于《建筑与文化》，2012 年第 4、第 5 期）

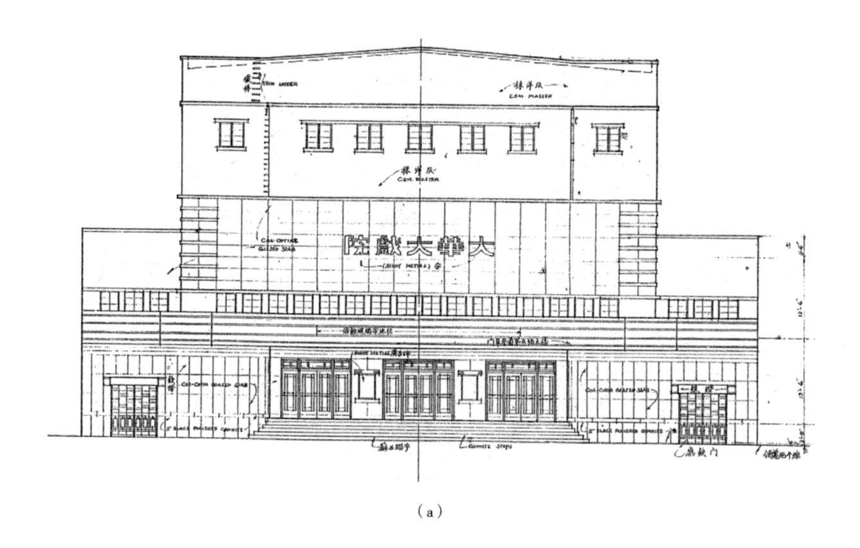

（a）

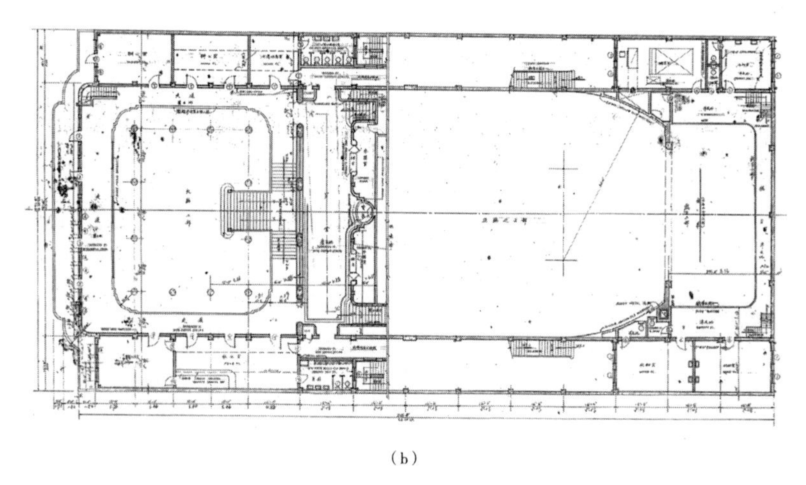

（b）

图 1　1934 年基泰工程司设计图纸
（图片来源：东南大学周琦建筑工作室）

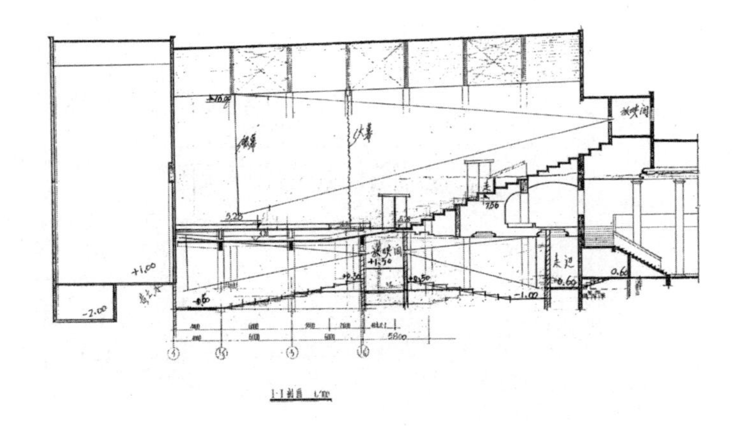

图 2　20 世纪 90 年代大华大戏院剖面设计图
（图片来源：东南大学周琦建筑工作室）

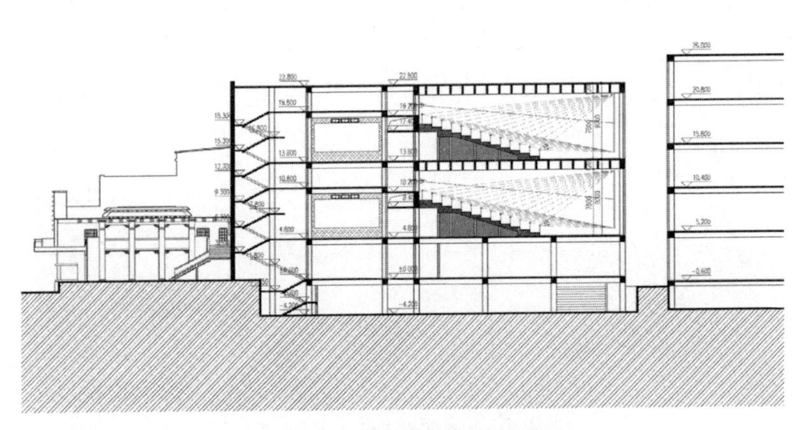

图 3　大华大戏院修缮改造剖面设计图
（图片来源：东南大学周琦建筑工作室）

图 4　修缮后的大华大戏院街景

（图片来源：东南大学周琦建筑工作室。摄影：苏圣亮）

图 5　修缮后的大华大戏院前厅

（图片来源：东南大学周琦建筑工作室。摄影：韩艺宽）

建筑的复杂性和简单性

——建筑空间与形式丰富性设计方法探讨

建筑的复杂性和简单性用密斯的话讲就是建筑中多与少的问题。“少就是多”，多与少是一对矛盾，建筑的复杂性和简单性也是一对矛盾。我们这里理解的“多”是指建筑中所表现出来的丰富的空间，复杂的形式，抑或是耐看的细部。其丰富性是通过视觉、听觉、味觉、触觉、嗅觉等不同的感官对空间、形式、尺度、氛围、肌理进行体验和感知。这种体验和感知如果是耐人寻味、引人入胜的，就是复杂而丰富的认识。反之，如果一目了然、苍白无力则是简单或简陋的。对于复杂和简单的认识，格式塔心理学的研究认为，人对简单事物的感知比较容易，从而不费力地获得轻松、舒适之感，但这种感觉来得比较浅淡。视知觉对复杂事物的感知相对比较困难，它们唤起一种紧张感，需要进行积极的知觉活动，可是一旦完成，紧张感消失，人们会得到更多的审美满足。因此，复杂的刺激往往给人留下深刻的印象。但这并不是说越复杂越好，复杂的事物要表达其内在的逻辑、层次和肌理。密斯所讲的“少”绝不是简单的少，而是通过复杂的高度抽象和理性分析之后得来的精确而简洁的空间与形式。然而，在建筑的学习和实践过程中，我们常常看到的是一些一目了然，简单而平庸的空间、形式和细部。设计者缺乏深入思考，只是下意识的，凭浅层次的个人直觉进行设计。在他们眼里，大师的作品是天才的作品，一般人难以企及。但如果仔细剖析大师的设计过程，我们会发现许多经典之作的得来是顺理成章、水到渠成的。所以，我们这里想要探讨的问题就是，如何从建筑师的行为特点入手，通过建筑设计的发展过程，理性的探寻达到丰富、耐人寻味，而又有层次的空间与形式的方法和途径，从而遵循这种理性的方法，在设计中规避下意识的、不假思索的简单性。

为此，本文就试图从哲学和意识形态、过程和发展、技术、社会历史因素的演变等不同层面，分别探寻创造复杂建筑空间与形式的方法和途径。

1 哲学和意识形态

理论修为和哲学素养是每一位建筑师所必须具备的基本素质，其深度和层次本身就用来区别大师和匠人。一个设计如果有丰富的理论基础，有比较深刻的思想内涵，就会从深层次上吸引和打动人。然而在当下，许多人还仅仅满足于构图和形式的训练，这一点固然重要，但如果因此而忽视理论的学习和探索是非常不可取的，因为这一问题直接涉及对作品好坏和深入程度的评判。

意大利著名建筑师阿尔多·罗西是新理性主义理论的主要创立者之一，也是新理性主义建筑实践运动的领军人物。一直以来，罗西都在从事理论研究工作，直到很晚才开始建筑实践。他的方式是从历史理论和哲学意义入手来研究建筑，从都市的组织脉络中分析出建筑的类型，并利用类型研究指导建筑设计。阿尔多·罗西不仅在理论上建树颇丰，在设计实践上也是大师级的人物，这一点难能可贵。相比之下，《模式语言》的作者，美国著名建筑理论家亚历山大·克里斯托夫著作等身，但在设计上却一直没有成为大师级的人物。所以，并不是每一位理论家都可以成为顶尖设计师的。像罗西这样的大师历史上为数不多，其作品本身就蕴含着丰富的哲学思想和深厚的理论功底。然而从形式上讲，他的作品与手法主义建筑师的设计有着很大的区别，最明显的一点就是其形式相对比较孤立、静止和抽象，并通过这种抽象、朴素和静止的形式表达深层次的思想内涵。究其形式的来源，可以从意大利“形而上画派”画家基里科（Giorgio De Chirico）的梦幻般的城市场景中找到些许印迹。基里科的绘画所展现的正是从城市中提取出永恒的元素或类型，这些元素或类型通过个性化的方式重新组合，建筑形式和人类的存在被推到了一种超现实的层次上。由于这些看似寂静、不变的景象带着历史的记忆，所以历史既得以延续，而又非简单的重复，整个世界就在一种似而不同的循环中螺旋上升。孤寂、幽闭的形式是罗西与基里科的作品在表象上的共同特点，但对大众来说，这种形式本身并不具备很强的吸引力。假如不经评论家的解释，人们很难理解罗西的作品与古典主义建筑之间的联系，也不会领会其中深刻的含义，更不会认为这是精彩的作品。由此可见，就表达形式而言，罗西的作品很难与手法主义建筑师的作品相提并论。手法主义建筑师可以将形式构图做得非常精彩，而罗西的作品却不然。换言之，形式本身的设计需要训练的过程，这些建筑理论家几十年不从事建筑设计和形式的训练，结果是很自然的，他们不是天才。所以，也不可能希望他们在形式上做得和伦佐·皮亚诺、诺曼·福斯特一样的精彩，历史的局限性非常清楚，这一点我们绝不盲从。但是从另一个角度来看，他们的作品所表现出来的复杂而理性的思想是其他设计师望尘莫及的。因此，他们的作品并不是靠形式本身给人以愉悦感，而是通过深层次的思想内涵给人以巨大的冲击和影响，充满一种历史的、潮流的和方向性的意义。以 1980 年罗西为“威尼斯双年展”设计的威尼斯世界剧场为例，如果单看形式，立方体的主体、八角形的上部、锥体屋顶、对偶厢房和板式双塔，剧院的形体非常简单。然而透过表象，我们就会发现，这个形体是对意大利传统教堂的抽象。漂移的剧场从建造地沿水路游弋到威尼斯，与沿途经过的意大利城市景观自然地融合起来。由于不同的地点可以看到相同的结构，建筑既在形式上超越原型，又在内涵上具有深邃的历史感，从而展示出一种超越时空的永恒的美，这是对罗西建筑类型学理论的最好诠释。阿尔多·罗西的建筑类型学产生了世界性的影响，这一点毫无疑问。

意大利特殊的历史文化和社会政治是罗西设计思想产生的土壤，他从古老的城市格局中分析出不同的类型，从古典建筑中提炼出新的形式。然而，同样是对历史元素的提炼，不同哲学背景的设计师会有不同的取舍。现代主义大师柯布西耶从古典建筑中提炼出抽象的几何形体作为建筑设计的基本要素。而后现代主义的代表人物格雷夫斯却将古典建筑本身的构图单元作为构成建筑设计的基本元素，这表明了后现代主义与功能主义不同的建筑观。可见，建筑师作为设计的主体，他的哲学背景和观念在整个设计过程中起到至关重要的作用。

与新理性主义建筑师对建筑内在本质的挖掘不同，后现代主义建筑的旗手菲利普·约翰逊的作品更多地体现了他对文化含义和社会变迁的关注。在现代建筑史上，菲利普·约翰逊以其多变的风格而备受争议。早年，他以极大的热情投入到刚刚兴起的现代建筑运动中，使当时还是古典折衷主义占优势的美国建筑界第一次了解到在欧洲发生的建筑革命。作为密斯的疯狂追随者，也是他极力将密斯及其作品推介到美国。然而到了晚年,他却又转入反现代主义的阵营，挥舞起后现代主义的大旗。探究这一转变的原因，主要源于他独特的哲学思想和敏锐的社会感知力，这同他的生活经验、生活方式及创作过程息息相关。与传统的商业建筑师不一样，约翰逊思考的是社会的问题，发展的问题和趋势的问题。像他这样的建筑师通常具有强烈的社会抱负，他们将自己对社会的理想转入到建筑创作中去，这也是大师们的共性。后现代主义的产生有其强烈的历史背景和社会现实，这一风格的转变是历史的必然。所以菲利普·约翰逊是超前的，是标志性的，因为他顺应了这种潮流，首先开始了转变。由此，我们也就不难理解 1984 年建成于纽约的美国电话电报公司总部大楼（AT&T）对后现代主义方向产生的巨大影响。这座文艺复兴风格的摩天大楼，具有典型的三段式构图，其形体本身并不复杂，也没有很强的表现力，但这一形体的产生是对社会转型期人们思想变化的具体反映。20 世纪下半叶，现代主义建筑简单乏味、了无生气的缺点受到世人诟病，AT&T 总部大楼的出现正反映了人们希望改变现代建筑单调面貌的愿望。其顶部中心开设的圆形凹口是对古典建筑断山花的抽象，在社会变革时期它唤起了人们对社会历史和人文关怀的思考,同时也对现代主义建筑“形式追随功能”的观点提出了质疑。简单的符号反映了复杂的社会变化，菲利普·约翰逊这位最初学习哲学的建筑大师以其敏锐的洞察力，准确地把握了社会的脉搏。

思想的复杂性除了体现于设计者的哲学深度外，还表现在不同意识形态之间的差异上。东西方在意识形态上存在着相当大的差异，这种文化上的互异又成为彼此相互吸引的基础。安藤忠雄是一位强烈表现日本民族特性的建筑师，他的设计理念很大程度上源于日本民族的传统精神。安藤忠雄自己也说:“与在形式或材料等物质可见层面上继承日本传统及其独特美感相比，我更倾向于接受精神和感性的遗产，并把它们注入我作品的品性之中。尽管有时是着意的，但更多地是来自于我身体中潜移默化的继承。”日本民族的特性十分复杂，但表现极其简单。我们在分析日本枯山水的时候就会发现，几块石头堆在白沙上，其构图十分简洁，形式是静止的，元素也很简单。然而,就在这简洁、静止的形式背后却蕴含着深远的禅意。

当西方人看到日本枯山水的时候，他们会用很多形式语言去解释，不过无论怎样解释都是不够的。西方人对日本充满费解，《S M L XL》里就描绘了库哈斯初到日本时的印象：

东京

日本，七天之后

初次印象：巨大

以及对自身丑陋的不知羞耻

与功利主义关系密切是主流

永远没有多余的装饰

欧洲，甚至是美国都在试图

营造一种尽可能“好”的环境

（或多或少有一些成功的案例）

日本（沉着地？）生活在

由庄严、丑陋和毫无品质之间

所产生的激烈隔阂之中

后两者的优势

使得前者的出现令人眩晕

当美景“发生”时

绝对令人惊讶

库哈斯看到，日本人的生活表面上是平静、庄严的，但其内在却是疯狂、压抑、紧张和丑陋的。正是这种含混的，复杂的，让人难以捉摸的民族特质，对西方有着一种强烈的吸引力。安藤忠雄将这种难以理解的民族特性融入建筑作品当中，用简单的形式、质朴的材料表达日本建筑空间的矛盾性和不确定性，从而激起了人们想要深入探究的欲望，这也是建筑复杂性的一种表现。

2 过程和发展

通常我们热衷于大师的作品完成后刊印在杂志上的精彩瞬间，而对背后艰辛的设计过程知之甚少。其实，如果回过头来仔细分析这些过程，我们就会发现，最终成果的得来是顺理成章的。所以问题的关键就在于，如果方案的设计仅凭直觉一次性了结，没有经历一个推敲、研发和思考的过程，任何人都无法取得成功。换言之，要想获得丰富而复杂的建筑空间和形式，就必须经历循序渐进、逐步递推的过程。

爱奥尼柱式在一千多年的演变过程中，将形制的复杂性发挥到极致，这种复杂性是丰富而有秩序和层次的。从简单的托架帽发展成为爱奥尼柱式，前后形成极端的对比，前者是初级原始的，后者是臻于完善的。原始的托架帽最符合建构，然而在谈到建构时，人们认为只要构造合理，结构理性，材料节省就是好的设计，这样的观点是十分片面的。结构工程师通过计算机演算出来的结构一定是最合理的，但是我们通过与其大量的合作就会发现，结构工程师朴素的表达远远不能达到一种视觉和形式上的提炼。考察卡拉特拉瓦、诺曼·福斯特和结构工程师互动的过程，我们就会明白这个道理。弗兰普敦在提到“Tectonic”（构造）的时候，并没有谈很多关于形式提炼的问题，只是讲构造的合理性来源于朴素的建构，而仅凭建构得来的形式相对较为简单。

中国斗拱的发展历程与西方古典柱式十分相似，只是在材料和接头处理上有所不同，但这并不妨碍二者在目的上的一致性，即最大限度地产生出挑，从而加大柱间跨度。斗拱最初形成于西周至南北朝时期，到唐宋发展成熟。从唐代佛光寺的柱头铺作可以看出，此时的斗拱达到了结构性能与艺术形式的完美结合，形式符合建构，构造合理，出挑严谨，构件做到最少，功能达到最大，只是装饰性不强。待继续发展至明清，斗拱的功能和结构都在，但装饰作用大大加强，人们已经把斗拱当作象征符号加以解释和应用。斗拱与柱式有着相同的意义，他们都经历了漫长的演变过程，最终达到复杂的形式。

爱奥尼柱式的形成过程十分复杂，但是做法却很理性，只是一个机械的过程。许多仿欧建筑做得不地道，就是因为柱式没有按照机械的程序去做。如果将爱奥尼柱式放大，单看其涡卷部分 24 个圆心的画法，我们可以看到其中涡卷内外两根曲线各自 12 个圆心之间，都是依靠 1/3、1/4 的比例进行限定的，整个制图过程受秩序和层次控制。然而，我们不能简单地认为这个过程只是一个制图过程，它还反映了柱式的建造和演变过程，即从原型的出现到层次的把握，再经过长时间的提炼最终达到完美的形制。西方古典柱式通过一种机械的、理性的方法加以确定，最终形成一种范式，一种“Order”（规划），这是历史演变告诉我们的另一层含义。

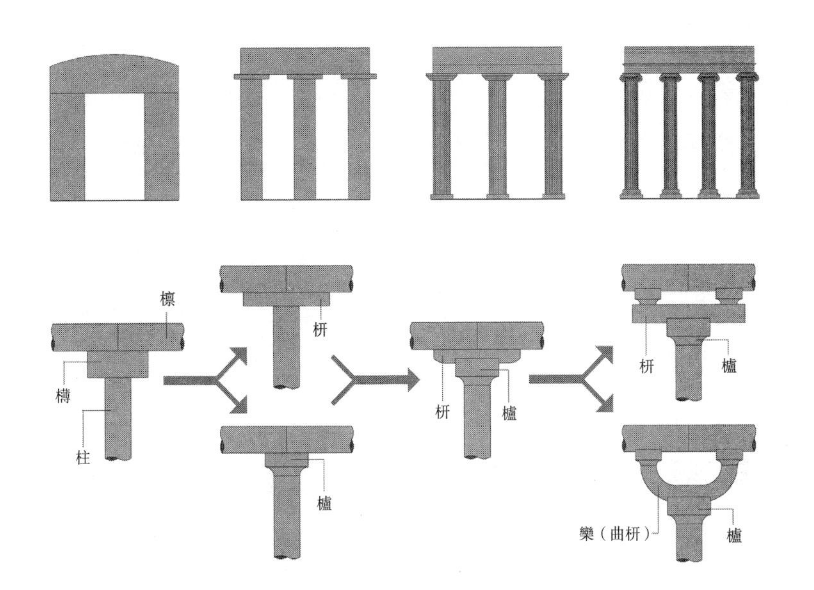

图 1　西方古典柱式、中国斗栱的发展演变
（图片来源：东南大学周琦建筑工作室。高钢绘制）

图 2　哥特教堂的结构层次分析
（图片来源：东南大学周琦建筑工作室。高钢绘制）

柱式的精神体现在对秩序和层次的把握，这也是柯布西耶为什么要做人体比例尺度的原因。当柯布西耶把古典柱式和黄金分割率重新演绎为模度制的时候，他很理性地用模度制来设计建筑的立面和平面。虽然也有不尽合理的地方，但这样设计出的立面和平面让人无法一眼看穿，其复杂性和层次感与西方古典柱式如出一辙。所以说，柯布西耶是一位古典主义大师，除了抽象的现代形式以外，他的思想和方法，过程和机制都是古典的。他在使用模度制的时候，先从整体开始，以长宽比例入手，层层深入，这种方式与爱奥尼柱式的手法完全一样，都是凭借秩序和层次完成的。马赛公寓是运用模度理论的经典之作，就其构图本身而言，整个立面的设计在秩序和层次的控制下逐步深化。建筑整体的轮廓是第一个层次；正立面右侧突出的实墙，中间横向的虚隔栅，以及底部架空的柱廊构成了立面构图的第二个层次；窗户横向和竖向的划分可以看作第三个层次；阳台和窗户的比例关系又形成了第四个层次。如果仔细再分，还可以分成更多的层次。因此，马赛公寓形体的丰富绝不是柯布西耶凭直觉下意识设计出来的，秩序的信念在柯布西耶事业理想的开始就是强烈的。在《走向新建筑》一书中，柯布西耶就用控制线和模度对历史上著名的建筑进行了精确的几何分析。

马赛公寓立面构图的控制性因素也是显而易见的，即立体派的抽象艺术，这是它的形式来源。因此，这样的形式既不是古典的三段式，也不是传统意义上的风景画构图，而是基于立体派和冷抽象创造出的一种新的形式。密斯、赖特也不例外，他们都有自己不同的形式来源。巴塞罗那德国馆的形式来源就是蒙德里安的冷抽象，密斯对蒙德里安的绘画艺术进行思辨和分析，从中提炼出原型并运用到建筑上,创造出流动空间。所以形式构图的丰富性涉及两个方面，一是构图本身的过程，二是最原始的形式来源。从过程来讲，就是要通过秩序和层次，由整体层层深入到细部。

同样，从诺曼·福斯特设计香港汇丰银行总部大楼的过程中也可以看出这一点。汇丰银行是高技派建筑最杰出的代表之一，其形体的复杂性和有机性完全可以和哥特鼎盛时期的巴黎圣母院相媲美。这种复杂性和有机性是建立在理性基础上的，是富于秩序性和层次感的。从大的结构框架到细节处的窗棂百叶，多个层次相互叠加，最终在形式的复杂性上臻于至善，体现出古典柱式的层次美。所以奠定汇丰银行历史地位的不是它的结构，而是它的形式。评价一个建筑的时候，不仅要谈历史，谈原型，谈划时代，还要从设计的角度来分析它的形式本身。因为建筑界认可的首先是形式，形式永远是第一位的。

从汇丰银行的设计过程中，我们可以看到形式演变的脉络。自1979年6月福斯特事务所参加汇丰银行总部大楼的设计竞赛开始，到1982年2月2日向董事会汇报最终方案，整个设计过程大致可以分成四个阶段：即竞赛阶段、委托设计阶段、方案发展阶段和最终方案阶段。比较初期获奖方案和最后成果，二者在复杂性和简单性方面的差异是显而易见的，前后判若两人。竞赛方案的设计时间很短，虽然基本的设计思想已见端倪，但是在形式上仍不完善。这与最后方案相差悬殊，因此不能给人留下深刻的印象，其影响力也是有限的。竞赛方案主要在两个方面进行设计，竖向切割成片状，横向分成几段，从而使庞大的建筑体量得以消减，这是根据场地环境和客观条件所做的朴素的想法。撇开设计概念不谈，形式本身的深化是可以通过专业训练来完成的。福斯特在委托阶段作了其他形式的比较，定型后进入深化发展阶段，开始着力塑造空间与形式的层次。由于三块片状体量的结构相对独立，它们的高度无须相等，所以福斯特将三部分处理成不等高，努力在竖向上营造出一种高低错落的层次感。同样，为了使建筑的轮廓线刚好满足规划要求，立面每个竖向区域划分的楼层数也不再相等，从最底部的八层逐渐递减到顶部的四层，增加了竖向构图的韵律。最终方案阶段，福斯特的工作重心是细节部分的处理。其中包括组合柱与衣服架结构的形式设计，材质和颜色的选择，以及顶部停机坪的设计，窗户的划分等。将整个设计的过程展开来看，我们发现其形式的来源是理性的，也是有章可循、逐步完成的。1986 年 4 月 7 日整个工程完工，从创作到竣工，历时近七年。相对于古典柱式千余年的演变历程，七年时间十分短暂。然而，正如不经过罗马风时代，就不会出现复杂而有机的哥特建筑一样，时间的浓缩，只是因为技术能力的提高和节奏的加快，并不意味着设计过程的丝毫减少。

任何一个精彩的设计，都需要经历这样的过程，即便是天才，也不可能凭直觉一下子做好。弗兰克·盖里在俄亥俄州设计的刘易斯住宅（Lewis residence 1985–1995），同样做了一屋子的模型，从研究功能关系开始，到形体组合的推敲，再到色彩材料的选择，经过长时间的比较研究之后才有了复杂丰富的最终方案。设计的过程总是从简单到复杂，因此设计提炼的过程是达到丰富性最主要的方法。然而这种过程一般都很漫长，有时候又会显得过于笨拙和机械，但是这是一种追求，一种思想意识和精神层面上的追求，一种为了达到丰富性而坚持不懈的追求。

3 技术（结构、构造、材料）

从结构原型的角度考虑，我们可以将西方建筑定义成几个非常明确的阶段，梁柱体系时期，拱券时期，现代混凝土结构时期，钢结构时期。结构因素提供了不同的可能性，所以每个阶段的建筑表现都是非常明确的。柱式、斗拱，都是在特定的结构原型下产生的接近完美、极端复杂的形式。

哥特式建筑是古代砖石结构的集大成者，它所表现出来的复杂性达到古代中世纪建筑之最，而究其形式产生的原因则很大程度上取决于哥特式建筑本身理性的结构体系。源于罗马风建筑的这种结构体系到了哥特时期，其复杂性和丰富性发挥到了极致。因此，哥特建筑形式产生的过程本身就是结构与技术发展完善的过程。解析哥特教堂的剖面最能说明这一点，其中主要的结构体系可以分成若干层次：中厅部分是第一个层次，其顶部覆盖有连续的十字尖券拱，并使用骨架券作为拱顶的承重构件，这样在力学性能上更趋合理，周围填充维护部分减薄，拱顶自重因此减轻，侧推力也相对减小；为了抵抗顶部尖券的侧推力，需要加飞扶壁，然后再将力传给壁柱，这构成了结构的第二个层次；一层扶壁不够，再加一层扶壁，形成双层扶壁，并在其中加入其他的支撑结构组成侧廊部分，从而形成第三个层次。如果再将飞扶壁本身拿来看，它又由好多构件组成，可以再细分成更多的层次。与罗马风建筑相比，哥特式教堂采用独立式飞券，这样可以使侧廊的拱顶不必负担中厅拱顶的侧推力，高度因而大大降低，中厅可以开很大的侧高窗，外墙也可以卸去荷载而窗户大开。飞券和骨架券一起使整个建筑的结构趋近框架式，这种露明的框架增加了空间的层次，丰富了空间的体验。结构本身所产生的形式感是十分丰富的，同时又是严谨的，科学的，技术的。

现代建筑中的索网结构也很复杂，如果仅从外表考察根本无法弄清其中的构成因素。索网受力张拉之后生成的形态极其繁复，有的甚至连图都无法绘制，但整个形式的生成都符合结构和材料的力学性质。通过分析我们可以看到，整个受力体系具有强烈的层次感：首先固定主塔，然后利用高点和锚点限定柔性材料的位置，再在高处设置脊索，最后在薄膜的边缘安排边索。整个索网结构受力张拉后，生成自由曲面，经过多个层次的叠加，自然形成丰富的效果。相比之下，梁柱结构体系只有一个层次，结构一目了然，因而显得十分简单，没有任何复杂度可言。

4 社会历史因素的演变

社会历史因素的演变，对复杂建筑空间的形成有着深远的影响。

中国传统家庭在儒家思想的影响下，往往几代同堂，人与人之间尊卑有序，男女有别。其活动方式也有内外之分，包括不同层次的空间序列，建筑空间自成一体，外部含蓄收敛，内部丰富奢华。列举中国明清时期不同地域的典型宅院，我们可以发现其中的异同。北京四合院与皇城同在，受其影响基本居中对称，严谨平衡，体现出尊卑有序，中规中矩的式样。而江南一带的园林式住宅，士大夫或富商们赋予宅邸更加生动丰富的自由情趣，完全没有居中的严谨布局，取而代之的是自然有机的步移景易和出人意料的空间态势。中国传统文化中复杂的思想、心态和人际关系，在这种空间中得到完整的体现。所以，当查尔斯·詹克斯看到苏州园林的平面时，无法理解其中的复杂性，他认为后现代的鼻祖在中国，苏州园林远比后现代的含混不清更复杂。

《红楼梦》所描写的中国人的传统思想，包括人与人之间的关系，生活方式和态度，在上述园林建筑中体现得淋漓尽致。贾宝玉和林黛玉的爱情悲剧是封建制度使然，这种制度又影响着空间的格局,因此曹雪芹笔下的《红楼梦》只可能发生在大观园这样的环境中。所以原型的布景环境与人的行为相互依托、互动，从而产生出所谓的场所，即人的活动与建筑的环境。比较苏州留园冠云峰和圆厅别墅可以看出不同的生活就会产生不同的建筑环境。园林宅第的花园中小桥流水、曲径通幽，这样的空间只能为林黛玉式的小姐和贾宝玉式的公子们服务。小姐们踏着碎步，拖着长裙，半遮半掩地徜徉于园林之中，此情此景相得益彰。而在同时代的欧洲宫廷内，公主

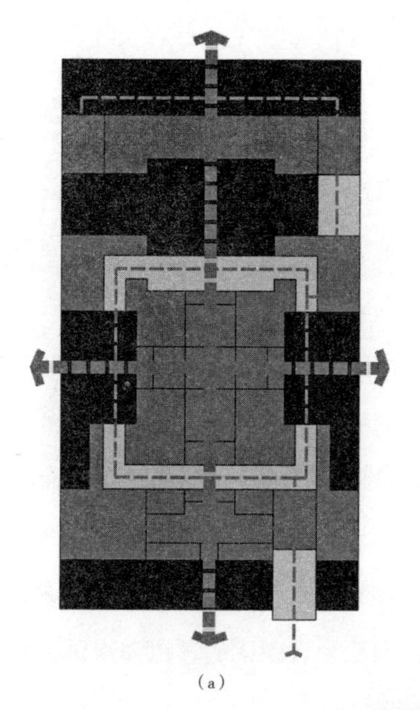

（a）

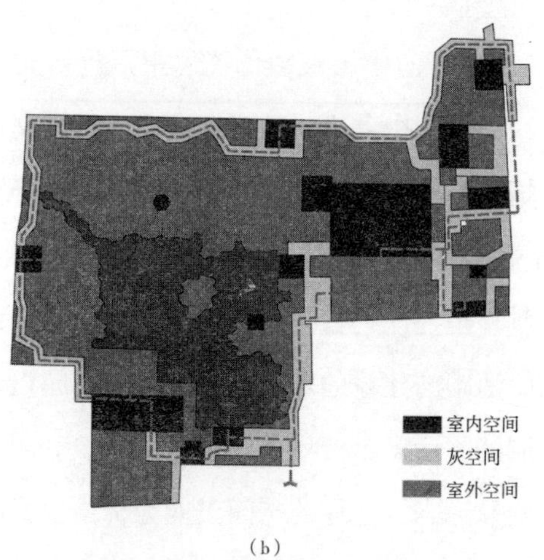

（b）

图 3　北京四合院与江南私家园林的布局对比

（图片来源：东南大学周琦建筑工作室。高钢绘制）

与王子们舒展流畅、动作夸张的肢体语言与大规模、平坦的几何式花园相映成趣。如果将上述双方的人物与场景对调,后果则不堪设想。

综合以上四种因素，选取其中的某些或全部因素，从而形成某种复杂的建筑形态。这四种因素可以是互相渗透的,也可以是单一的,绝大多数的设计作品都受到多种因素的综合影响。

5 库伯联盟的启示

成立于1859年的库伯联盟在美国的教育历史中占有特殊的地位。海杜克（John Hejduk）领导的艾文钱尼建筑学院是库伯联盟三个学校之一，它在建筑教育上向来扮演开路先锋的角色。

库伯联盟的教学十分重视概念和建构的设计，其中的设计课程有很多都是一些装置设计，这些装置既不是机械也不是建筑，因为它既不能像机械那样作业也不能供人居住，只是一种形式和空间的训练。可以想象，这样的装置设计是比较复杂的，因为当建筑师看一件精密机床的平立剖面图时，他们永远无法领会其中的复杂性。装置的复杂性首先来源于概念，从设计的主题就可见一斑：火车电影院将铁路和放映厅这两个看似风马牛不相及的事物安插在一起造成冲突，电影院由固定变为流动，形式产生戏剧性的变化；退休采石工人的房子将普通的住家和采矿用的吊车融合为一体，机械和房子的组合形成复杂的形式。然而相对于概念的启发，建构的设计过程更为重要。库伯联盟的训练过程不是先画图,而是先让学生动手做模型,他们通过模型研究形式的交接关系，材料与材料的节点设计，考察决定建筑的外部形式的因素，整个装置依照建构的逻辑架构起来，这是一个理性的过程。当模型做完之后开始画建筑图时，训练过程中最精彩的地方出现了，学生从来没有画过如此复杂的图，他们受到巨大的刺激。相对而言，传统一、二年级画的平立剖面图是简单的，也是易于掌握的，而像这样依据装置画成的建筑图却十分复杂，不易看懂。如果按照一般的教学实践，既不从哲学的思想去启发复杂的思维，也不做模型或装置，根本无法心平气和地做出类似的设计。学生受到这种复杂的刺激之后，产生巨大的影响，他们会意识到传统意义上的平立剖面图是如此的简单和简陋。当然，装置绝非建筑，我们也无须依据这样的装置做设计。这样的训练强调的是过程和想法，其目的就是要让学生知道复杂性、丰富性可以达到如此极致的程度。但是，矫枉必须过正，不是越复杂越好，而是要知道训练过程中必须要走这样的极端，如果没有极端的思想，没有极端的训练不可能在实际中做出丰富的设计。

6 结语

建筑设计不是下意识的行为，中间的过程十分复杂，但也并非只可意会，不可言传，其中仍有许多理论方法可以遵循。通过比较我们发现，在实践过程中建筑的复杂性是可以通过拆开的元素理性地组合完成的。哲学和意识形态、过程和发展、技术、社会历史因素的演变等不同层面都是创作复杂建筑空间与形式的来源。关键一点是设计者必须要有这样的意识，即努力往建筑的复杂性上去做并坚持不懈。由此可见，在如何设计复杂建筑空间与形式的问题上，主要取决于两点：一是设计者的态度（Attitude），他的立意、构思和追求是否想要达到一种既丰富又有创新精神的程度；二是设计的来源（Origination），主要指创作复杂建筑空间与形式的方法和手段是否丰富，是否贯穿于学习和训练的始终。

（本文由周琦、高钢合作完成，原载于《建筑师》，2007 年第 4 期）

参考文献

[1] Norman Foster. Foster Associates Buildings and Projects. Volume 3（1979–1985），Watermark，1989.

[2] Mildred Friedman. Gehry talks：architecture + process[M]. New York. Rizzoli International Publications，Inc，1999.

[3] 罗伯特·文丘里．建筑的复杂性和矛盾性 [M]. 周卜颐，译．北京：中国水利水电出版社，知识产权出版社，2006.

[4] 刘先觉．现代建筑理论 [M]. 北京：中国建筑工业出版社，1999.

[5] 汪丽君．建筑类型学 [M]. 天津：天津大学出版社，2005.

[6] 张钦哲，朱纯华．菲利普·约翰逊 [M]. 北京：中国建筑工业出版社，1997.

[7] 王建国，张彤．安藤忠雄 [M]. 北京：中国建筑工业出版社，2003.

[8] 李允禾．华夏意匠：中国古典建筑设计原理分析 [M]. 天津：天津大学出版社，2005.

[9] John Hejduk. 库柏联盟——建筑师的教育 [M]. 林尹星，薛皓东，译．台北：圣文书局，1998.

建筑史论

中国近代建筑师和建筑思想研究刍议

中国近代建筑历史研究经过50年的发展，尤其是20多年全面深入的进步，已经积累了大量的基础资料和理论成果，具备了向理论化和系统化发展的条件。近代建筑师和近代建筑思想是这种研究的重要线索和切入点。近代建筑师是对于近代建筑发挥最大主观能动作用的人群，近代建筑思想则是近代建筑背后所有主客观的影响因素的总和。该研究通过对典型建筑师和建筑师群体及其相应建筑文化遗产的深入、细致、全面的研究，试图为同类型的研究建立范式。社会意识、体制与制度、工艺与技术等因素对建筑的影响及其互动，形成了社会建筑思想。该研究将通过对社会建筑思想和建筑师思想的对比与分析，了解中国近代建筑发展的原因并揭示其发展规律，为中国现在及未来的建筑发展提供史学参考。该研究将通过综合运用实证调查、社会史观、中西比较等科学的史学研究方法，对以上命题进行研究，以期取得系统化、理论化的研究成果。

1　对近代建筑师及其思想的研究意义

对中国的近代建筑历史研究进行成熟的理论化和体系化研究，

其切入点和重要线索应当是近代建筑师和近代建筑思想研究。近代建筑师是对于近代建筑发挥最大主观能动作用的人群，近代建筑思想则是近代建筑背后所有产生影响的思想因素的总和。

研究中国近代建筑师和建筑思想具有如下意义：

（1）首先，具有范式意义。对于典型建筑师的研究集中在史料积累方面，对个人信息、相关作品的透彻调查了解，建立相应的历史档案数据库。这种研究有助于我们建立研究标准和范式，以便为系统地整理建筑师及相关建筑遗产提供参考，为将来的研究建立基础。

（2）其次，具有理论意义。对建筑思潮、建筑思想的发展研究，在基于史料整理的基础上完备翔实地反映出来，并进行适当历史解读，以期挖掘出建筑背后的生成原因，从而为建立完备的理论体系打下思想基础。

（3）最后，具有历史学本身的意义。中国近代是处于东西方交流、相互影响，刚开始进行现代转型的初始时期，进行近代建筑师和建筑思想研究可以如实反映历史原貌。而两种文明的碰撞所导致的折中和妥协在当代仍然存在，对近代的研究无疑对当代和未来的建筑现状及其发展具有参考借鉴意义。

2　国内外研究现状与分析

2.1　国内研究现状与分析

中国的近代建筑历史研究从“1958 年 10 月—1961 年 10 月进行的中国近代建筑史编辑工作即国内首次对近代建筑史较具规模的研

究”[①]算起，经过50年的努力已经积累了大量的研究成果，尤其是20多年来，伴随着改革开放社会发展，在该领域内的研究已经进入了一个全面的发展阶段：

（1）在全国范围内普遍开展了近代建筑普查和调研工作，为后续的深入研究打下了坚实的研究基础。其代表成果为1990年由中国建筑工业出版社出版，汪坦、藤森照信主编的中国近代建筑总览（共16分册）[②]，“2000年1月开始进行的中西部地区城市与建筑调查准备工作”[③]以及同济大学对上海近代建筑所进行的地区性研究的相关成果，如陈从周，章明所著《上海近代建筑史稿》[④]，伍江的《上海百年建筑史（1840—1949）》[⑤]等。

（2）从对单体建筑的关注扩展到了对建筑群、城市、城市群的研究，也部分触及了城市规划、城市更新、市政设施等领域的研究。

（3）有组织、有系统地持续开展近代建筑历史的研究活动。如1985年8月由汪坦先生发起，并于1986年10月在北京召开的“中国近代建筑史研究讨论会”，标志着中国近代建筑史研究在全国范围的正式起步。这一全国性的中国近代建筑史的学术会议即将在2008年7月召开第十一次会议。该会议持续至今已经成为国内最具影响力的近代建筑研究的学术活动[⑥]。而1997年8月成立的正规学术组织“中国近代建筑史专业委员会”（现名“近代建筑史学术委员会”）也使中国近代建筑史研究工作得到了组织保证[⑦]。

（4）开始对近代重要的建筑师和建筑师群体进行普查研究。这部分的重要著作有赖德霖、王浩娱等编著的《近代哲匠录》[⑧]等。

（5）建筑遗产的保护再利用成了近代建筑历史研究在运用和实践层面上的新课题，也日渐成为城市管理者和大众关注的焦点。著名实例有北京的“798”工业遗产保护利用、上海“新天地”的里弄住宅保护利用和南京的“1912”民国建筑保护利用等。

（6）对建筑思想、思潮、艺术、文化、美学等基于物质基础而得以上升的理论性课题也开始进行关注。一批学者也参与研究并取得了一些初步成果。该系列著作有东南大学刘先觉教授的《中国近现代建筑艺术》[⑨]等。

以上的相关成果为进一步开展深入细致的实证研究和理论研究提供了较好的基础。

国内对于近代建筑师的研究具有一定基础。对于个别具有杰出贡献和较大影响力的建筑师如梁思成、杨廷宝、刘敦祯、童寯等已经有了一定数量的研究论文、作品集、文集、回忆录、纪念集，也召开了一些纪念会议。如清华大学建筑学院于 2001 年 4 月 28 日举行的“梁思成先生诞辰一百周年纪念大会”，同时由清华大学建筑学院与中国建筑工业出版社共同出版九卷本《梁思成全集》[⑩]；2006 年的 4 月 20 日，中国文物研究所举办了“纪念梁思成诞辰 105 周年座谈会”的活动；而东南大学建筑学院也于 2007 年 10 月 20–21 日举行了“纪念刘敦桢先生诞辰 110 周年暨中国建筑史学史专题研讨会”，会上收集了相关照片、文章等史学资料，包括学生对刘先生的生平、工作经验、建筑思想回忆等，同时由中国建筑工业出版社出版发行了《刘敦桢全集》[⑪]（共 10 卷）。研究论文方面也有一定的进展，比如刘怡的博士学位论文《杨廷宝研究——建筑设计思想与建筑教育思想》[12]、朱振通的硕士学位论文《童寯建筑实践历程探究（1931-1949）》[13]、方拥的硕士论文《童寯先生和中国近代建筑》[14]、沈振森的硕士学位论文《中国近代建筑的先驱者——建筑师沈理源研究》[15]等，都显示了对于近代建筑师个体研究的一定关注。

对于建筑师群体，也出现了一部分著作和论文。著作如：杨永生所著《建筑百家回忆录》[16]以及续编[17]；赖德霖、王浩娱等编的《近代哲匠录》[18]等。论文如赖德霖的《近代建筑师开办事务所于何时》[19]；学位论文如：东南大学王浩娱的《中国近代建筑师执业状况研究》[20]；同济大学林少宏的《毕业于宾夕法尼亚大学的中国第一代建筑师》[21]等。

但是国内对建筑师的研究还比较粗糙与片面，完整与深入程度不足，研究比较孤立。如温玉清与谭立峰在“从学院派到包豪斯——关于中国近代建筑教育参照系的探讨”[22]一文中就指出当前的研究过于关注“宾大”体系的建筑师，而对于“非宾大”的建筑师关注不够。另外，对建筑师在东西文化交融下产生的创作思想、原因、动机、表现和结果，了解不够完整；对建筑师作品的分析停留在较浅层面，缺乏具体手段的操作；对建筑师群体分类不够明确。比如，对西方建筑师在中国的活动就缺乏深入的调查研究。而尝试还原全面、立体、生动、具备复杂经历、背景和思想的建筑师本人的做法还比较少。

国内对于建筑思想的研究已经有了一些分类成果，包括建筑观念、建筑文化、建筑思潮等，早期的论文如侯幼彬的“文化碰撞与‘中西建筑交融’”[23]；赵国文的“中国近代建筑史论”[24]等都涉及这些研究；

另如东南大学李海清的博士学位论文：中国建筑现代转型之研究——关于建筑技术、制度、观念三个层面的思考（1840—1949）也参与了这种讨论㉕。

但国内对建筑思想的研究局限在本领域，且相对比较笼统，并未和具体案例的分析紧密结合。如赖德霖对前人的研究成果做了九条总结，在第九条“关于近代建筑思想”中就提到研究本身仍集中于“现代主义”与“民族主义”㉖之类的风格流派分类。这种局限性还体现在没能在综合层面上论述其产生的社会影响、东西方交流等，对相关互动和规律性的因素，如社会因素，包括公众意识、大众传媒、社会制度、政治经济文化因素等的挖掘分析还不够。如顾孟潮先生曾谈及深感研究工作的不足之处是“均是在为建筑物或建筑群立传,成了编写‘近代建筑物实录史’,从而失去了对建筑学学科、行业、科学技术、社会群体历史的把握。”㉗

2.2　国外研究现状与分析

2.2.1　对中国近代建筑师和建筑思想的研究

欧美和日本对中国早期现代建筑师的活动和作品有相应的研究，也包括对当时在中国境内活跃的外国建筑师的研究。

日本运用现代实证主义的研究方法，对个体个案进行翔实深入的研究，其做法具有参考价值。例如日本的建筑历史学者村松贞次郎先生、藤森照信先生，以及村松伸、西泽泰彦、井上直美等从20世纪80年代开始就致力于中国近代建筑历史的研究。他们与中国近代建筑历史学者的合作，除对近代建筑进行普查之外，也对近代建筑师有所研究。相关论文有：村松贞次郎的《近代建筑史的研究方法，近代建筑的保存与再利用》[28]；藤森照信的《外廊样式——中国近代建筑的原点》[29]等。

而西方学者运用现代史学和中西比较的方法，从西方视角和文化观念考察中国建筑活动与思想，记录和整理外国建筑师在中国的建筑活动，为我们开展类似研究提供借鉴。如美国学者郭伟杰（Jeffrey W. Cody）对于美国建筑师墨菲在中国的建筑活动进行了详细研究，其著作《Building in China：Henry K. Murphy's "Adaptive Architecture," 1914–1935》[30]是迄今为止最翔实记录外国建筑师在中国活动的专著。

2.2.2　西方对西方近代建筑师和建筑思想的研究

18 世纪至 20 世纪初叶，西方建筑业的蓬勃发展以及建筑理论的百家争鸣为接下来的现代建筑运动打下了良好的基础。在这期间涌现出大批重要论著，在当代也一直有学者从事对这些论著和建筑师及作品的研究。由于这一时期与近代中国建筑业的发展有着相似之处，其研究成果对我们具有很大的借鉴意义。西方对这一阶段的研究和探索已达到相当程度的系统性和完备性，主要表现在以下几个方面：

1）对西方建筑师及理论家个人的研究

西方对近代建筑发展史上有重大影响的建筑师的生平、作品、著作及活动进行了大量的、系统的、翔实的和完备的实证主义史料收集，在此基础上将建筑思想、建筑思潮及发展体系整理成章，为现代建筑的发展指明了方向。在主要的理论框架上又生出大量多视角的研究著作，为更好地理解和进一步探讨有关问题提供了依据。

这批建筑师代表有:

法国的部雷（Etienne-Louis Boullée，1728—1799），勒杜（Claude Nicholas Ledoux，1736—1806），迪朗（Jean-Nicolas-Louis-Durand，1760—1834），拉布鲁斯特（Henri Labrouste，1801—1875），维奥莱－勒迪克（Eugène Viollet-le-Duc，1814—1879），奥古斯特·佩雷（Auguste Perret，1874—1954）；英国的拉斯金（John Ruskin 1819—1900），莫里斯（William Morris，1834—1896），麦金托什（CharlesRennie Mackintosh，1868—1928）；德国的辛克尔（Karl FredrichSchinkel 1781—1841），森佩尔（Gottfried Semper 1803—1879），贝伦斯（Peter Behrens，1868—1940）；奥地利的奥托·瓦格纳（Otto Wagner，1841—1918），阿道夫·路斯（Adolf Loos，1870—1933），约塞夫·霍夫曼（JosefHoffman，1870—1956）等。

对建筑师的史料整理。如麦金托什不但有关于他的传记:《麦金托什: 1868—1928》[31]；对其作品的及思想的分析性研究:《麦金托什》[32]；还有其他在整体思潮背景中对其个体的研究著作等。

对理论家兼建筑师的史料收集及研究以森佩尔（Gottfried Semper）为例: 作为一名德国建筑师、艺术评论家以及一名大学教授，森佩尔写了大量关于建筑起源的文章，特别体现在 1851 年出版的《建筑四元素》[33]中，对其作品及理论研究著作也有二十余本，比较有代表性的包括:

（1）对理论的解释性研究著作，如《森佩尔和历史主义》[34]；

（2）对作品和思想的研究（传记体式），如《森佩尔: 19 世纪的建筑师》[35]；

（3）阐释思想和作品之间的关系，如:《森佩尔在苏黎世——理论与实践的交织》[36]；在这本书中，作者重点强调他的史料依据，通过大量的查证和对之前易被忽视的史料的解读，找到了诠释森佩尔的线索。然而，他的目的并不是为了去验证一种观点的正确与否，而是找出设计中一些根本性的理念，从而对设计提出指导性的建议，这对我们是十分具有借鉴意义的。

2）对西方建筑师群体进行总结及解释的历史学和理论著作

基于上述对建筑师个人的史料和作品的收集与整理，20 世纪 20 年代之后，随着现代建筑运动的兴起，有一大批历史学家及理论家对现代主义进行宣传及解释的同时，不断以新的视角对现代主义之前的发展过程及思潮做了回溯性的再认识。这一批著作内容十分庞大，为研究西方近现代建筑提供了整体性视角。目前已经得到世界公认的经典之作，其中一部分由汪坦先生在 20 世纪 80 年代主持翻译作为《建筑理论译丛》出版，如：英国的佩夫斯纳著《现代运动的先驱者——从威廉·莫里斯到格罗皮乌斯》[37]，佩夫斯纳等编《反理性主义者与理性主义者》[38]；意大利的布鲁诺·赛维《现代建筑语言》[39]。

其他还有，如奥地利的伊米尔·考夫曼著《从勒杜到柯布西耶：自治建筑学的起源和发展》[40]《理性时代的建筑》[41]等；瑞士的吉迪恩《时间、空间和建筑》[42]；意大利的列奥纳多·本奈沃洛著《西方现代建筑史》[43]；英国的阿兰·柯孔著《现代建筑》[44]等。

正是因为有了详细丰富的史实资料，才能够把握在基于当时社会情况下对建筑师思想理解的客观依据，才使得纵向研究思想发展的论著成为可能。尤其是彼得·柯林斯的《现代建筑设计思想的演变》[45]，多因素、多角度地阐释了西方近现代建筑思潮的发生发展以及演变的原因，成为建筑界公认的理论性权威著作，对我们的工作具有很强的参考性和借鉴性。

西方的这一批理论著作以不同视角为我们展现了现代建筑发展的前奏、过程、延续，在史论的过程中体现出了作者们不同的发展观。他们对现代建筑进行不断的探源，将时间追溯到近代甚至更久远之前，以建筑的发展过程作为显性表现因素，将不同地区的民族传统、思维方式等作为影响设计的隐性因素进行了综合论述，从而为整体地把握建筑设计及思想本质内容提供参考，并在此基础上不断地发展新认识，建立了系统的、完备的理论知识体系。

对于建筑师群体研究的新发展也可参见荷兰建筑理论学者对十人小组的研究，该研究可以视为对现代建筑之后的区域性建筑师群体和个体研究。其群体分类、建筑师之间的共性解读、建筑思想的变化和延续都对中国近代建筑师研究具有参考意义。

3 关于研究方案及思路

3.1 研究目标

对中国近代建筑师、建筑思想及相应建筑文化遗产研究有如下研究目标。

3.1.1 对近代建筑师的研究，分为以下两个目标

（1）对创作丰富的群体或个人依据时代、区域、类型、风格等特点对他们的作品进行分类研究和调查、测绘、相关资料的挖掘，了解建造过程、采用的技术材料手段等，还原设计的真实历史过程，并通过具体的手段（如图示语言、建模型等）进行分析整理，归纳并诠释其思想、含义、与社会大环境的关系。

（2）对创作手法丰富、理念变化较大、具有重要影响力的群体及个人的作品进行专题研究。通过对具有代表性的个案或系列作品的分析，以及对建筑师的文本著作的解读分析，能够重新确立建筑师及其作品在中国建筑史上的价值坐标，号召发扬本国文化并继承民族精神。

3.1.2　对近代建筑思想的研究，也有两个目标

（1）在中国近代社会转型时期，理清各种因素对建筑思想的影响，比如社会观念、政治、经济、文化、体制、技术等诸多因素。

（2）揭示中国近代建筑思想的演变，系统地整理和分析近代建筑思想从起源、探索、初创、多元到普及过程当中的相互关联，寻找中国近代建筑发展的规律。

3.2　研究内容

3.2.1　对近代建筑师深入的个体研究

（1）对建筑师的成长环境、教育背景、个人经历及作品进行编年史式的撰写；并对建筑师的创作活动进行阶段分期，总结出各个时期的特点与方法。不仅要对其已经出版的文献进行修订，更要广泛、系统、全面地收集和整理散佚的言论、著作、家属及友人的回忆录，

并详细考证他的参展、获奖情况等，以期对获得建筑师生平详尽而翔实的第一手资料。

（2）对建筑师的典型建筑作品进行实地测绘考察，还原出比较详细的图纸以及建造情况、技术手段等资料，并建立相关的建筑遗产数据库，以备有案可循。

（3）对建筑师的手稿、设计草图、相关的绘画作品以及其他设计作品进行收集与整理，作为理解建筑师作品与思想的辅助资料。对作品与思想关系的解释，可以参照如下思路进行：

①通过论证来整理史料，并架构可参照的信息网格，囊括当时流行于建筑师周围的建筑师、艺术家、作家和政治家中的思潮。把个人放在一个相对大的背景中进行整体把握。并对建筑师相关著作以及亲笔手稿（力求找到直接材料）进行解读和认识，为下一步辨析提供强有力的支持。

②从解释学的方面来陈述。采取“以小见大”的方式，通过对建筑师的几个代表性设计的剖析，总结出其设计中比较定型化的理念和手法。

③将建筑师的理念与当今设计思想相关联，使之具有相当程度的现实意义。

④建筑师的逸闻轶事。对建筑师的个人生活、社交政治活动以及爱好习惯等进行文学化的传记式记述。通过建筑师的日常生活来探究他的思维方式、思想的形成和社会因素对个人的作用等。这一类著作的特点是摆脱了上述第一类学术著作的严肃气氛，获得关于

建筑师的鲜活的、丰富生动的资料，从而通过这三方面对建筑师形成全面的、深刻的、立体的认识。

⑤在收集资料的基础上，可以运用比较学及社会学等分析手法，对建筑师在此过程的建筑方法进行整理和进一步的探讨，来确立其历史地位以及后续影响。使人们对其在中国近代这段历史时期的建筑及思潮发展、形式探究等方面起到的作用有整体的、综合的认识。

3.2.2　对近代建筑师群体的分类与研究

建筑师群体分类大致如下：

（1）包括外国建筑师（教会建筑师及商业建筑师）；

（2）早期本土工匠、自学成才等相对边缘化的建筑师；

（3）具有海外建筑学专业留学背景的中国第一批现代建筑师；

（4）国内建立现代建筑学教育之后正规培养的中国建筑师。

其中，具有海外建筑学专业留学背景的中国第一批现代建筑师是重点研究的建筑师群体。他们之中既有现代建筑教育家，又有活跃的建筑师，或者二者兼备，对近代建筑历史产生了巨大的影响。他们具备中国传统素养，同时接受了西方文化的熏陶。当时的社会、经济、政治因素及其教育背景都对他们的建筑作品和建筑活动产生了影响。杰出的建筑师，如：吕彦直、董大西、范文照、赵深等；建筑教育家和建筑师兼备的典型代表人物，如：梁思成、刘敦桢、杨廷宝等。

又如，外国建筑师群体在中国的建筑活动，极大程度上受中国社会经济因素的影响，从而出现了混合折中的建筑思想。比如早年近代大学建筑大多由外国建筑师完成，体现了这种折中和矛盾性。金陵大学和两江师范学堂，前者由美国教会主办，却是中国传统，后者由中方承办，却采用西方古典式样。

3.2.3 对近代建筑思想的研究

建筑思想的演变是在大的社会背景下开始的，其影响因素包括社会观念、建筑师思想、艺术材料和社会发展等。

1）社会观念对建筑思想的影响

在社会的变革和转型时期，社会大众、公众意识、上层建筑的意识形态对于建筑学这个专业本身是存在很大影响的，建筑学过去是工匠的领域，不是文学和艺术的领域，是不可以上升到文化层面和士大夫阶层上来讨论的问题，所以这批早期建筑师处在社会对这种观念的认识发生转变，但尚未完成的时期。传统社会向现代转型，统治阶级在城市建筑中的主导作用，在建设活动中的强势地位，这是中国第一代现代建筑师没有更大作为的根本原因之一，这个问题同样存在于当今的建筑活动中，这种现象可能在很长一段时间，甚至永远成为中国建筑界的一种烙印。建筑师扮演的角色相当有限。社会意识形态作为大的背景，对近代建筑思想产生极大的影响。统治阶级意识、大众传媒意识、公众意识、士大夫阶层、知识分子阶层对建筑学科的认识和理解，以及相应较弱地受到西方文化的影响，这些因素综合形成了社会观念对建筑的影响因素。

建筑师思想和社会大众思想发生冲突，在这过程中发生转变，这种现象和成因值得我们去探索。社会的建筑思想是约定俗成、力量强大的。而近代的建筑师是强调个性、坚持个人努力和意识，在文化艺术社会层面上发挥主导意识。建筑师的建筑思想和社会的建筑思想是有冲突的，这种冲突矛盾在不断演变发展，是决定中国近代建筑现象的一个很重要的因素。中国近代建筑是残缺零碎未成体系的，处于传统和现代之间，社会的建筑思想对初级阶段的混沌现象起到了很大的作用。如何挖掘这种社会建筑思想，需要对比社会意识形态、传统的历史、社会意识、工匠、建筑设计等。

大众传媒、公众意识对建筑学的讨论和宣传，对建筑学的理解和普及，对新的建筑学思潮和观点很少进行推广和教育，从而制约了建筑学的相应发展。

同时，其他学科的思想对建筑思想也产生了影响和互动，如文学、艺术、哲学思想、社会学科、工业美术等，它们当时也处于萌芽状态，相应的现代艺术理论、艺术评论、审美倾向转变都发生得较晚，但是对建筑师的思想还是产生了一定影响。

2）建筑师思想

各个建筑师群体的思想是有差别的：

如，早期自学成才的建筑师主要是片段地、零碎地、间接地接触到西方的建筑设计与方法，形成了本土意识较为强烈又糅合了西方风格的建筑思想。

又如，外国建筑师原本具有较强的殖民意识和外来思想，但当他们在与中国交往过程中受到中国本土传统建筑思想的洗涤后，态度发生转变，由完全的西化手段向中式过度，结果却是其思想甚至更接近于中国本土建筑思想。如亨利·墨菲（Henry Murphy）等建筑师的建筑思想和作品就表现出这种现象。

而就第二类建筑师来说，他们大多出生于士大夫阶层，具有良好的中国传统文化的素养，具备中国传统知识分子的本性，具有“修身齐家平天下”的传统意识。他们同时又接受了西方教育，受西方建筑师的影响，把建筑的职业化手段上升到社会变革进步的层面上，力图通过建筑方式的发展来促进整个中国近代社会的进步，具有社会使命和社会责任感。

建筑师的职业在中国已经蜕变了，不完全是知识分子，也不是传统工匠，而是类似“洋务派”，被赋予了较高的社会地位，但同时又在做工匠的营造工作。他们的身体力行和社会实践有相当大的关系，同时具备了理想、知识、追求和社会实践。梁思成和童寯的建筑思想及作品就强烈地映射出他们对社会问题和社会进步的关注。

建筑师思想重点部分仍然是建筑师的设计思想。对于形式、空间、形态等诸多设计因素进行研究，摆脱从前的建筑设计思想研究停留在构图范式等浅层设计解析的缺陷，进行深入研究。

3）材料技术因素

在中国近代时期，虽然建筑技术和建筑材料不是非常发达，但在初期引入西方的工程材料技术的时候，还是受到一定影响，有别于中国传统的土木工程的一些技术，比如早期的钢结构、混凝土框架、砖混结构都有别于中国传统的砖木体系，这种结构和技术的因素也会对建筑思想产生影响。

在综合考虑各种影响因素后，接下来需要解决的关键问题是：如何对个体建筑师的研究形成可供推广参考的模式化的研究典型；如何科学地将中国近代建筑师进行分类，如何概括和表述各自群体的典型特征和群体间各个建筑师的差异，以及这些群体在中国近代建筑历史中发挥的作用；如何分析影响中国近代建筑思想萌芽、形成和发展的诸多复杂因素，这些因素的动态变化，各自关系和影响权重等。

4 可采用的相关研究方法

在进行研究工作中，应综合运用中外优秀的史学方法以及理论研究方法。

4.1 参考借鉴西方的历史学研究方法

（1）19 世纪的德国“兰克学派”实证主义历史学派：对我们工作的参考价值主要集中在史料的整理方面。在研究过程中不仅对建筑师的作品进行测绘、模型制作等，获得对其作品直观的认知，而且要对已故中国近代建筑师的同事、家属及学生等进行访谈、对话等交流方式整理归纳出建筑师的清晰轮廓，并奠定下一步研究的史料基础。

（2）社会历史学研究方法：1912 年，曾在德国受过严格历史学训练的美国历史学家 J·H·鲁滨逊首先举起了“史学革命”的旗帜，他认为历史研究不应脱离现实生活，要充分实现历史学的社会功能。他还大力倡导历史学与其他相关学科建立密切的联盟，不断提高史学家的知识素养，开展多学科的历史综合研究。19 世纪 40 年代的马克思主义历史理论，强调研究总体的“社会的历史”，提出“从底层向上看的历史”等主张，对西方史学的发展产生了重要的影响。以佩夫斯纳为代表的一批历史理论家及评论家就以社会学的方法，从人类学、伦理学等不同角度对西方近现代建筑的现象及思潮进行诠释，在当时的社会产生了很大的反响并具有良好的理论指导意义。当我们在研究建筑师的思想时，必然要关注到国际大背景、社会大环境、个人经历、当时东西方文化的冲突等，有助于我们全面地认识和了解建筑师并进行深入的探讨。

（3）比较史学方法研究：穆尔在《独裁和民主的社会起源》中指出，历史比较研究有三个优点，一是导致提出有用的问题；二是从反面检验已被接受的历史解释；三是推导出新的历史结论。近代中国和西方有一定的类似性，也有一定的共同点。如在大的社会背景条件下，中国与西方建筑的探索活动都处于不成熟阶段，出现了风格迥异、各式各样的建筑。对于设计方法、建造技术、审美趣味尚在探索阶段，这是比较的基础。基于此种方法，我们能够站在一个比较宏观的角度上，对建筑思想研究立足于传统与现代，为未来提供指导方向。而且中国近代的建筑师，有很大一部分人有留洋的教育背景，中国的近代建筑业也受到西方的冲击，对当时的建筑师的影响是复杂的也是矛盾的，所以在研究过程中，可以运用中西比较的方法来解释一些比较复杂的现象。

（4）理论化的历史观：主要是运用一些科学方法对历史现象做出解释。比较流行的科学方法有符号学、现象学、结构主义和后结构主义等。代表人物如诺伯格·舒尔茨阐释了核心概念“场所”，他认为“场所”不是抽象的地点，而是由具体事物组成的整体，事物的集合决定了“环境特征”。

4.2 继承使用本国优秀的史学传统

（1）中国的史学传统是重视史源的。清代乾嘉史学家在正史、官书之外，还用六经、诗文集、金石碑刻、谱牒等作为新史源；近代的史学家梁启超、陈垣等都很注重新史源的探求。

（2）注重前人的成果。在启动某一研究课题的时候，首先要搜集有关此课题的大量资料，以反映该课题研究已达到的水平，然后在此基础上，向更高层次推进，提出新论点、新发现。这样，研究者掌握了该课题的现有水平，对史料的运用也就游刃有余了。

5 结语

近代中国在外族入侵时导致的“狭隘的民族主义情绪”没能引起建筑界“根本性的改变”[46]。近代中国建筑师在探索道路上是崎岖的，甚至是受着不同程度的压抑的。然而我们不能妄自菲薄这段历史对今天所做的贡献，也不能不认清楚这段历史遗留下来的局限。对近代建筑师及其建筑思想的研究，首先应建立在虚心吸取国外丰富的研究经验的基础上，将我们现有的研究成果整理成纲，理顺清楚中国近代建筑的发展脉络，提供给从业人员以可参考的资料集；并在纷繁复杂的外国建筑及其理论大量充斥着业界的情况下，找准认清我们国家所应提倡的建筑价值，并能够继续进行回溯性的理论研究，进一步形成科学决策。希望能在以下几点做出新的突破：

（1）对近代中国建筑师的史料进行抢救性的收集整理，获得尽可能多的资料为之后进一步研究打下基础。

（2）研究范围不仅包括建筑师业内事务，也要包括其他能体现设计师创造思维或是有关于学识积累的绘画、工业设计、文学著作、日记手稿等，从各个侧面深入挖掘整理有关思想。

（3）从新的高度上对建筑思想进行研究，从社会经济、政治、东西方文化碰撞与交融的层面上阐释其创作的成果以及对后来的影响，超出了设计意义的范围。

（4）由于当时的社会情况，很大一部分近代中国建筑师都接受了当时西方思潮的影响，在用于本国实践时揉入了新的理解。基于这种情况，我们运用比较学的方法，对中国与西方同时发展的这一历史时期进行建筑思潮、方法、现象的深入比较，包括社会意识形态、技术特点、工业化程度等的比较，相比之于点对点的比较（如童寯比之于柯布西耶、杨廷宝比之于路易斯·康），具有深刻的全局意义。

（本文由周琦、庄凯强、季秋合作完成，原载于《建筑师》，2008 年第 4 期）

注释

① 这种时间定位和标志性事件见张复合，中国近代建筑史研究二十年（1986—2006 年）（见参考文献 [8]）中所提。

② 汪坦，藤森照信 . 中国近代建筑总览（共 16 分册）[M]. 北京：中国建筑工业出版社，1990.

③ 张复合 . 进入 21 世纪的中国近代建筑史研究 [J]. 华中建筑，2002,（03）.

④ 陈从周，章明 . 上海近代建筑史稿 [M]. 上海：上海三联书店，1988.

⑤ 伍江 . 上海百年建筑史（1840—1949）[M]. 上海：同济大学出版社，1997.

⑥ 同注释 [1]。

⑦ 同注释 [1]。

⑧ 赖德霖，王浩娱，等 . 近代哲匠录 [M]. 北京：中国建筑工业出版社，2006.

⑨ 刘先觉 . 中国近现代建筑艺术 [M]. 武汉：湖北教育出版社，2004.

⑩ 梁思成 . 梁思成全集 [M]. 北京：中国建筑工业出版社，2001.

⑪ 刘敦桢 . 刘敦桢全集（共 10 卷）[M]. 北京：中国建筑工业出版社，2007.

⑫ 刘怡 . 杨廷宝研究——建筑设计思想与建筑教育思想 [D]. 南京：东南大学，2003.

⑬ 朱振通 . 童寯建筑实践历程探究（1931–1949）[D]. 南京：东南大学，2006.

⑭ 方拥 . 童寯先生和中国近代建筑 [D]. 南京：东南大学，1984.

⑮ 沈振森 . 中国近代建筑的先驱者——建筑师沈理源研究 [D]. 天津：天津大学，2002.

⑯ 杨永生 . 建筑百家回忆录 [M]. 北京：中国建筑工业出版社，2000.

⑰ 杨永生 . 建筑百家回忆录续编 [M]. 北京：知识产权出版社，中国水利水电出版社，2003.

⑱ 同注释 [6]。

⑲ 赖德霖 . 近代建筑师开办事务所于何时 [J]. 华中建筑，1992，（10）.

⑳ 王浩娱 . 中国近代建筑师执业状况研究 [D]. 南京：东南大学，2003.

㉑ 林少宏 . 毕业于宾夕法尼亚大学的中国第一代建筑师 [D]. 上海：同济大学，2000.

㉒ 温玉清，谭立峰 . 从学院派到包豪斯——关于中国近代建筑教育参照系的探讨 [J]. 新建筑，2007，(04) .

㉓ 侯幼彬 . 文化碰撞与“中西交融”[J]. 华中建筑，1988，(03) .

㉔ 赵国文 . 中国近代建筑史论 [J]. 建筑师，1987，(10)：28.

㉕ 李海清 . 中国建筑现代转型之研究——关于建筑技术、制度、观念三个层面的思考 (1840—1949) [D]. 南京：东南大学，2002.

㉖ 赖德霖 . 从宏观的叙述到个案的追问：近 15 年中国近代建筑史研究评述——献给我的导师汪坦先生 [J]. 建筑学报，2002，(06) .

㉗ 顾孟潮 . 近代建筑史学研究动向及方法 [J]. 建筑学报，1999，(04) .

㉘ [日] 村松贞次郎 . 近代建筑史的研究方法，近代建筑的保存与再利用 [J]. 世界建筑，1987，(04) .

㉙ [日] 藤森照信 . 外廊样式——中国近代建筑的原点 [C]// 第四次中国近代建筑史研究讨论会论文集 . 北京：中国建筑工业出版社，1993.10.21–30.

㉚ Jeffrey W. Cody. Building in China: Henry K. Murphy's "Adaptive Architecture," 1914–1935, PhD dissertation in 1990, Chinese University Press, published in April 2001.

㉛ Charlotte Fiell, Peter Fiell. Charles Rennie Mackintosh: (1868–1928) . Taschen, 1997.

㉜ Pamela Robertson. Flowers: Charles Rennie Mackintosh. Harry N. Abrams,

1995.

㉝ Gottfried Semper. Die vier Elemente der Baukunst. Ein Beitrag zur vergleichenden Baukunde. Brunswick，1851；英文版，Four Elements of Architecture and Other Writings，Harry Mallgrave 翻译与编辑，Cambridge University Press，1989.

㉞ Mari Hvattum. Gottfried Semper and the Problem of Historicism. Cambridge University Press，2004.

㉟ Harry Francis Mallgrave. Gottfried Semper：Architect of the Nineteenth Century. Yale University Press，1996.

㊱ Mikesch，W. Muecke. Gottfried Semper in Zurich – An Intersection of Theory and Practice. Lulu.com，2005.

㊲ [英]佩夫斯纳. 现代运动的先驱者——从威廉·莫里斯到格罗皮乌斯[M]. 王申祜，等. 译. 北京：中国建筑工业出版社，2004.

㊳ 佩夫斯纳，等. 反理性主义者与理性主义者[M]. 邓敬等，译. 北京：中国建筑工业出版社，2003.

㊴ [意]布鲁诺·赛维（Bruno Zevi）. 现代建筑语言[M]. 席云平，王虹，译. 北京：中国建筑工业出版社，2005.

㊵ [奥]伊米尔·考夫曼（Emil Kaufmann，1891—1953）. Von Ledoux zu Corbusier. Ursprung und Entwicklung der autonomen Architektur，Wien 1933（franz. Ausg. 1963；ital. Ubers. Mailand 1973）.

㊶ [奥]伊米尔·考夫曼（Emil Kaufmann，1891—1953）. Architecture In The Age Of Reason Baroque and Post-Baroque in England，Italy，and France.

Harvard University Press.

㊷ [瑞士]吉迪恩. Space，Time and Architecture.3th，Cambrige：Havard Colledge，1971.

㊸ [意]列奥纳多·本奈沃洛（Leonardo Benevolo）. 西方现代建筑史 [M]. 邹德依，译. 天津：天津科学技术出版社，1996.

㊹ [英]阿兰· 柯孔. Alan Colquhoun .Modern Architecture（Oxford History of Art）. Oxford University Press，USA .2002.

㊺ [英]彼得·柯林斯(Peter Collins). 现代建筑设计思想的演变 [M]. 英若聪，译. 北京：中国建筑工业出版社，2003.

㊻ 同注释 [24]。

参考文献

[1] 龚德顺，邹德依，宾以德. 中国现代建筑史纲 [M]. 天津：天津科学技术出版社，1989.

[2] 邹德依. 中国现代建筑史 [M]. 天津：天津科学技术出版社，2001.

[3] 中国近代建筑史研究讨论会论文专辑 [J]. 华中建筑，1987，（2）.

[4] 二次中国近代建筑史研究讨论会论文专辑 [J]. 华中建筑，1988，（3）.

[5] 汪坦，张复合. 第三次中国近代建筑史研究讨论会论文集 [M]. 北京：中国建筑工业出版社，1991.

[6] 汪坦，张复合. 第四次中国近代建筑史研究讨论会论文集 [M]. 北京：中国建筑工业出版社，1993.

[7] 汪坦，张复合. 第五次中国近代建筑史研究讨论会论文集 [M]. 北京：中

国建筑工业出版社，1998.

[8] 张复合 . 中国近代建筑研究与保护（一）—（五）[M]. 北京：清华大学出版社，2000—2006.

[9] 清华大学建筑学院 . 梁思成先生诞辰八十五周年纪念文集 [M]. 北京：清华大学出版社，1986.

[10] 高亦兰 . 梁思成学术思想研究论文集（清华大学建筑学术丛书）[M]. 北京：中国建筑工业出版社，1996.

[11] 刘先觉 . 中国近现代建筑艺术 [M]. 武汉：湖北教育出版社，2004.

[12] 刘先觉，王昕合 . 江苏近代建筑 [M]. 南京：江苏科技出版社，2008.

[13] 刘先觉 . 现代建筑理论——建筑结合人文科学自然科学与技术科学的新成就 [M]. 北京：中国建筑工业出版社，1999.

[14]（英）斯克鲁登（Scruton，Roger）. 建筑美学 [M]. 刘先觉，译 . 北京：中国建筑工业出版社，1992.

[15]（意）曼弗雷多·塔夫里，弗朗切斯科·达尔科 . 现代建筑 [M]. 刘先觉，译 . 北京：中国建筑工业出版社，2000.

[16] 刘先觉 . 杨廷宝先生诞辰一百周年纪念文集 [M]. 北京：中国建筑工业出版社，2001.

[17] 刘敦祯文集（一）[M]. 北京：中国建筑工业出版社，1982.

[18] 刘敦祯全集（共十卷）[M]. 北京：中国建筑工业出版社，2007.

[19] 杨永生，明连生 . 建筑四杰：刘敦祯、童寯、梁思成、杨廷宝 [M]. 北京：中国建筑工业出版社，1998.

[20] 杨永生 . 中国四代建筑师 [M]. 北京：中国建筑工业出版社，2002.

[21] 董鉴泓 . 同济建筑系的源与流，同济大学建筑系选集教师论文集 [M]. 北京：中国建筑工业出版社，1997.

[22] 潘谷西 . 1927—1997 东南大学建筑系成立 70 周年纪念专集 [M]. 北京：中国建筑工业出版社，1997.

[23] 张博 . 我的建筑创作道路 [M]. 北京：中国建筑工业出版社，1994.

[24] 杨永生 . 中国建筑师 [M]. 北京：当代世界出版社，1999.

[25] 赖德霖 . 中国近代建筑史研究 [M]. 北京：清华大学出版社，2007.

[26] 董黎 . 中西建筑文化的交汇与建筑形态的构成 [D]. 南京：东南大学，1996.

[27] 王昕 . 江苏近代建筑文化研究 [D]. 南京：东南大学，2006.

[28] 王昕 . 20 世纪初的先锋派建筑探讨 [D]. 南京：东南大学，2003.

[29] 傅舒兰 . 江苏近代建筑之魂——江苏近代建筑国保单位评析 [D]. 南京：东南大学，2007.

[30] 冷天 . 冲突与妥协——从原金陵大学礼拜堂见中国近代建筑文化遗产之更新策略 [D]. 南京：东南大学，2005.

[31] 沙永杰 . 西化的历程——中日建筑近代化过程比较研究 [M]. 上海：上海科学技术出版社，2001.

[32] 林少宏 . 毕业于宾夕法尼亚大学的中国第一代建筑师 [D]. 上海：同济大学，2000.

[33] 谷云黎 . 杨廷宝与路易·康的建筑思想比较 [D]. 南宁：广西大学，2005.

东南大学建筑学院“建筑三杰”雕像

（图片来源：东南大学周琦建筑工作室。摄影：韩艺宽）

论从史出

建筑史论在中外建筑史教学与研究的发展过程中历来是一个重要命题。在当下中国，建筑史论学科正处于繁荣发展期，不论是在学术界，还是在社会层面，人们对该领域都有一定的重视度。作为一门学科，建筑史论在我国确立于社会大变革中的20世纪30年代。清末举人乐嘉藻[①]凭借个人兴趣，在1933年完成的被梁思成定性为不学术、不专业的《中国建筑史》[②]是我国目前所知的该领域最早著作。在一批活跃于同时期的，受过良好专业训练与传统文化滋养的中国近代建筑师、建筑史学者的努力下，我国的建筑史论学科一路走到了现在，其中有艰辛、有收获，也有弯路。相比于以往，当下有着更为优越的研究环境，信息化、全球化的时代为我们带来了许多研究材料；社会对多元文化的包容也让人们在研究方式与思考角度上拥有了更多可能性；越来越多的人发觉了本学科所蕴含的重大意义，并愿意投身其中。

但是，建筑史论研究从来不是一件轻松、简单的工作，它是一个需要研究者终生投入的职业，任何的成果都是建立在艰苦卓绝的努力之上。在转型期的当下中国，我们的学科发展既面临着机遇，也难以避免挑战。针对当前的学科境遇，有三个问题需要我们认真思考：首先，对于终身从事该领域教学与研究的同行们，应如何规划其学术生涯？其次，如何在研究方法、研究目标的层面对建筑史论学科进行学术定位，以获取兼具学术意义和实践意义的历史定位？最后，专业的建筑史论研究者应具备什么样的研究素养？我认为，把握住我们的“史学传统”是思考这些问题的核心所在。因为建筑史论学科之所以能走向繁荣，与前辈史家们在研究中对这一传统的践行有很大关系。那么，我们有着什么样的史学传统？

1 中国古代史学传统中的“论从史出”

尽管建筑史论研究在中国的发展还不到一百年，但中国人却有着悠久的历史写作史。伴随着文明的进程，中国人一直都没有中断过写史。“在中国史学漫长的发展历程中，形成了一些相对固定、清晰的学术传统。”上古时代的《尚书》是中国已知最早的一部历史文献汇编，“孔子笔削《春秋》[③]，可以视为著史传统之发端”。因为从《春秋》开始，我们的史书已不仅仅是史料的汇编，“论”开始在中国的历史写作中占据重要位置。史家在将视线投向过去的同时，也愈发敏感于各自所处的“当下”，他们希望将自己心中的理想、理念投向将来，发挥影响。这种意识在历代史家的经典之作中都有体现。

司马迁[④]《史记》中的“太史公曰”之后往往跟的他极具个人思想倾向的“论”[⑤]。这种“史”“论”相结合的写作模式，正对应了司马迁“究天人之际，通古今之变，成一家之言”的个人抱负。而司马光[6]的《资治通鉴》本身就是一部写给帝王将相看的历史教科书，并且《资治通鉴》的书名是由宋神宗所赐，其本意就是“鉴于往事，资于治道”。《资治通鉴》的重大意义为后人所识，其中产生了有许多让人们耳熟能详的古训，诸如“君子立天下之正位，行天下之正道，得志则与民由之，不得志则独行其道，富贵不能淫，贫贱不能移，威武不能屈，是之谓大丈夫”[7]“行一不义，杀一无罪，而得天下，仁者不为也”[8]等都是司马迁融入“史”中的，很鲜明的“论”。

中国古代史学传统由两个“平行发展、并行不悖”的两个传统构成，即“史撰传统”和“考史著史的历史考据学传统”（简称“史考传统”），它们都是中国古代史学的主流。在传统的历史编纂活动中，像《春秋》《史记》《资治通鉴》中那些“以观念预设为旨归”的综合性工作就属于“中国史学的史撰传统”范畴。中国史学传统的另一个维度“史考传统”则“不做系统性的大规模著述，而是专门从事史书史实的注释考订”，它与“史考传统”都发源于春秋战国时期。相比之下，“史撰传统”关注“历史过程”和“历史现象本身”，“史考传统”则“聚焦于历史的记录”，也就是“史料”和“史书”。在一定程度上，“史考传统”是维持史料及史书质量的重要因素，尽管历史上对两个传统是存在分工现象的，即不同史家会对史撰工作和史考工作各有侧重，但总的来说，这两项工作是互补的。史学大家能将这两项工作做到极致。比如司马迁，他不仅花 19 年的时间编了共 294 卷的《资治通鉴》，他还为《资治通鉴》写了 30 卷的《考异》，也正是得益于这种学术上的严谨、客观与包容精神，《资治通鉴》才能成为经久不衰的史学巨著，为后世所仰望。

2 史学传统的近代分化与建筑史论学科创建

时至近代，也就是我国建筑史论学科产生并确立的阶段，随着西方各种势力对中国的强力介入，我们的史学传统尽管还在延续，但曾经和谐共生的“史撰传统”和“史考传统”却在时代的重塑中演变为对立的两大派别：“史观派”和“史料派”。二者的冲突围绕于对史学性质的不同认识上。在过去，这似乎不是一个问题，但发生在中国近代的那一件件例外于先前历史的事情，以及落入当时人们生活中的种种意料之外的事物，让人们的即有观念、意识形态不断受到震动。在这一时期，“史观派”对编著新式通史的热衷，以及“史料派”对“利用文字材料和实物材料相互参证以考明史实”之观点的奉行，都在一定程度上为我国建筑史论学科的出现创造了大环境。

王国维[9]在1925年时曾说“今日之时代，可谓之发见时代，自来未有能比此者也。”在近代，我们不仅发现了西方的种种思想学说，发现了民族需要反省与改变，同时也有了大量考古学上的发现。这些陆续被发现、出土的史前遗址，殷墟甲骨，青铜器，汉晋简牍，敦煌文书与明清档案等文物在当时的史学界颇具影响。对于长期依赖“纸上材料”进行史学研究的国人而言，这些被称作“地下新材料”的“新史料”大大推动了学术进展。传统史料的范畴被这些不同于文献的，具有实物性质的“新史料”所拓展，而我国针对建筑的考古、发现、考察活动在一定程度上也激发了这种新的史学境遇。人们开始在观念上认同建筑是有“史”可写，有“论”可述的。

在“史观派”与“史料派”冲突最为激烈的时期，郭沫若[10]的《中国古代社会研究》(1930年出版)是唯一被当时占据上风的“史料派”所肯定的“史观派”著作。此书为郭沫若1928年为躲避国民党政府通缉逃亡日本后所做。郭沫若想通过当时最新的思想文化观念(马克思主义的观念)去认识中国历史与文化。他受当时“疑古”精神的影响，深感文献中有“后人的粉饰”，认为必须寻找“没有经过后世的影响，而确确实实足以代表古代的那种东西”。非常巧合的是，他在东京上野图书馆中发现了“史料派”学者罗振玉[11]关于甲骨金石的研究后确定，甲骨文和金文就是他需要的那种史料。凭借日本东洋文库中所藏大量甲骨骨片以及相关著作，有着扎实传统文化基础的郭沫若很快进入了研究状态。郭沫若很好地吸收了“史料派”的研究方法，通过对甲骨片上卜辞内容的解读，勾勒出了中国古代社会的形态，并发表个人见解与点评。甲骨文字领域的研究为郭沫若带来不小的学术影响力，奠定了他在史学研究领域的学术地位，他的研究启发了许多人。

1930年2月，中国营造学社在北平的正式成立是公认的中国建筑史学科开创性事件。学社的社长、创始人兼资助人朱启钤[12]与乐嘉藻一样，都是有着从政经历的建筑文化爱好者。学社在创立之初走的是“史料派”路线，“着意于校勘古代专著，寻访秘籍及匠师秘传抄本、清代图纸档案和烫样，搜集文献记载资料等。并聘请熟悉清代建筑的老工人，绘制出大木结构详图、彩画图，以期掌握、识别实物，熟悉专门术语”。随着梁思成、刘敦桢[13]于1931年、1932年先后加入营造学社，并分别担任“法式组”与“文献组”主任，学社在研究的领域与深度上得到拓展。营造学社在1932年后开展了大量关于中国古代建筑实例调查、测绘工作，积累了数量可观的第一手资料。1937年爆发的抗日战争在一定程度上影响了学社的研究轨迹，在这一阶段，大规模的古建考察活动被迫中断，学社开始进行专题研究与文献梳理、注释工作。

同样具有开创性意义的事件是童寯[14]对于江南古典园林的研究。1932年至1937年，加入上海华盖建筑师事务所的童寯利用业余时间，独自踏勘、摄影、测绘了六十余处江南园林；搜集、整理了大量包括州县志乘、笔记、野史、丛谈、版画、国画在内的，种类繁多的相关史料。并在此基础上完成了有“史”有“论”的《江南园林志》[15]一书。童寯的江南古典园林研究与营造学社的中国古代建筑研究基本上是并行展开的，尽管研究者在地域上分处南、北两地，但其研究的动因中却包含着非常相似的初衷——挽救并挽留趋于消亡的中国传统建筑与文化。朱启钤在20世纪20年代“鉴于西方建筑学盛行而旧有的营造术日渐遗忘，老工匠日渐稀少，深惧此学有失传之忧，开始搜集此类书籍密钞”，并于1925年成立了营造学社的前身“营造学会”。童寯在《江南园林志》的序中感叹“造园之艺，已随其他国粹渐归淘汰”，“吾国旧式园林，有减无增”，认为“吾人当其衰末之期，惟有爱护一草一椽，庶勿使为时代狂澜，一朝尽卷以去也。”

在一定意义上，中国建筑史论学科的“种子”也只有在近代中国才能萌生，近代中国既有适宜于学科产生的大环境，也有着一批能够胜任创建学科这一使命的优秀学者。在社会大环境上，近代中国的各个层面都处于动荡与变革之中，人们的意识中出现了许多新的事物，各种既定已久的关系、概念都遭遇了重新地审视与界定——历史学和建筑学就属其列。史学传统在近代的分化既带来了冲突，也为自身的突破创造了诸多可能性。中国的建筑史论学科在很大程度上就是这种史学近代化的产物，或者说是史学近代化的一部分。它在精神上沿袭着中国古代的史学传统，现代考古学、建筑学则为它的现实操作提供方法与技术上的保障。近代人们对于“建筑”之观念的变化,也是“建筑史论”产生的重要前提。在那个特殊的时代，中国固有之建筑开始不囿于“形而下”的“器”这一界定，它愈发具备象征意义，变成一种有关于民族认同和自我认同的符号。当其史学研究的价值被发现与发掘时，关于建筑的“史”与“论”便应运而生。

建筑史论学科在中国的创建既需要像乐嘉藻、朱启钤那样的社会活动家式的建筑文化爱好者、研究者，也需要像梁思成、刘敦桢和童寯那样的近代建筑学人、知识分子将其推向学术化、专业化的发展进程。近代的这批学科开创者属于一个非常特殊的群体，他们与作为过去的“传统”之间始终维持着一个非常微妙且适宜的“距离”。这种有利于学科成长的“距离”是重要的，相比之下，近代以前的人们离“传统”太近,而现代的人们又似乎太远了。尽管在那个时代，西方的（甚至日本的）建筑史论学科已随他们的武力与文明一起涌入中国，那时的国人也充满学习与借鉴的热忱，但中国的建筑史论学科存在太多特殊性，仅凭移植西方的做法是不可行的，它的茁壮成长有赖于探寻出一种独具特色的学术定位与研究理路。有赖于一批在精神层面没有与过去“断代”的专业学者。

中国的建筑史论学科在创建之初即沿袭着中国古代的史学传统，研究者们既注重“史书”“史料”与“史实”的质量、数量、严谨性、真实性等方面，也把对有关于“史”的“论”的提炼置于历史写作的核心——尽管这种提炼是非常小心谨慎且惜墨如金的。在中国近代建筑史论家的经典著作中，我们可以觉察到一种非常类似于古代史书的行文规则与氛围。当中国史学的近代化将建筑提升为“史论”的对象时，开创并奠定学科的必然是集大成的人物。事实上，前文所论及的那些史家也都是这样的人物。纵观梁思成、刘敦桢和童寯这三位学科开创者的学术轨迹，我们可以从中发现，“学贯中西”是他们的共有特点。三位大师都既受过正统的传统文化熏陶，也都在建筑学上接受过专业、优质的西式教育。梁思成尽管出生于东京，并在日本度过童年时光，但他自幼便在父亲梁启超的引导下，研读《左传》《史记》等古代典籍,对中国古代历史及文化有着良好的功底。自清华学校毕业后，他又先后去美国宾大、哈佛学习建筑及建筑史专业。刘敦桢四岁便开始接受传统文化的启蒙教育,十六岁赴日留学，接受西式教育，考入东京高等工业学校后又出于志趣，专门从机械科转入建筑科，并在求学阶段对古建筑产生了浓厚兴趣。童寯的父亲恩格是清末进士，他从事教育事业并精通经史古籍，在恩格对传统文化教育的重视下，童寯熟习四书五经，能背诵大量古文，有着非常扎实的古典文学修养；在清华学校学习期间，童寯接受了大量新思想的启迪，他常去听梁启超、胡适和王国维的讲座；在宾大建筑系留学期间，曾系统研究过西方传统建筑，有着非常专业的建筑历史理论研究经验。

良好的传统文化修养、专业的建筑知识以及对中国古代建筑的共同兴趣，令梁思成、刘敦桢和童寯这三位学科创建者能够既按照前辈史家的研究方法，耐心、踏实地在各种史料中求索真实，也能够充分发挥“思辨”之才,将“论”的光芒闪烁于洋洋洒洒的史实中。“论”的意识让传承、演进了几千年的中国古代建筑艺术与技术上升到了“史论”的境界。尽管在历史中，我们有过《木经》《营造法式》等专业典籍，也有过《园冶》等文人画家之作，但建筑史论学科的出现却必须等待这些“哲匠”式的人物去开启——它的传承与发扬也同样如此。哲学在中国传统文化中是根深蒂固的，中国“史学传统”的根基是更为广博与深刻的中国哲学传统，“论”的深度得益于论者的哲学修为。正如冯友兰[16]所说，在中国哲学传统中，“哲学的功能不是为了增进正面的知识……而是为了提高人的心灵，超越现实世界，体验高于道德的价值”。对历史的理解需要一定的思想高度，受传统哲学浸染的中国传统文人、学者具备这种先天优势。传统的教育模式下，“一个人要是受教育，首先就是受哲学方面的启蒙教育。儿童入学，首先要读的就是《论语》《孟子》《大学》《中庸》。”

20 世纪 80 年代，汪坦先生在东南大学（也就是当时的南京工学院）做过一个关于建筑哲学和理论的系列讲座，他在讲座中提出中国建筑的出路在于对哲学的研究和探讨，中国建筑是哲学问题[17]。我很赞同汪先生的说法。在当代，哲学修养上的欠缺是限制我国史学研究者在学术上取得突破的重要因素。回顾经典史书中的精彩之“论”，我们往往能够感受到史家深入骨髓的哲学意识。

3　中国建筑史论中的“论从史出”

“论从史出”是中国建筑史论学科创建以来各种经典著述的写作手法。梁思成、刘敦桢和童寯会在各自的著作中小心翼翼地描述史实，然后再从反复推敲过的文献、史料之中引导出一些观点性质的东西。这些可称作“论”的文字在全文之中，往往具备微言大义、点石成金之功效。尽管受近代史学大环境的影响，史家在各自的研究中会存在“史观”或“史论”的倾向性,但如果跳出那个史学界“百年冲突”中的时空，以我们当下的视角去鉴别，那么就会发现最终成了经典著作依旧是与史学传统相契合的那些。尽管时代本身的特殊性会在那些著作中烙入自己的印记，比如在梁思成、刘敦桢和童寯的史学著作中，我们能看到许多诸如按照西方现代制图学原理绘制的建筑图纸等过去没有的表达方式，有时甚至文章都不是用中文写的，但字里行间却无不给人一种阅读传统史书般的熟悉感。

《营造法式》在梁思成的学术研究中意义重大，在某种程度上，梁思成所有关于中国建筑史论方面的成就都衍生自他对《营造法式》的注释、考订工作[18]。这项占据了其学术生涯一半时间的工作的出发点很明确，就是为了让更多的人（包括他自己）能够看懂、理解这本“天书”式的著作，而采用直观的文字和科学的图样对该书进行注解。在梁思成的时代,《营造法式》已然是一部非常晦涩的书籍，宋代的建筑实物少，建筑技艺失传、秘传，以及书中的专有名词无解释、全书无标点等都构成了对它的阅读障碍。在营造学社初期，对《营造法式》的研究主要通过参照成书较晚的清工部《工程做法则例》等文献古籍入手，并通过比对北京现有明清建筑和请教老工匠，释读建筑术语。随着工作的深入，研究方法开始由文献研究拓展为实物测绘与文献研究的互相结合——这也是营造学社在 1932 年后大规模开展中国古建调查、测绘活动的原因所在。

基于大量严谨、艰辛的史料搜集工作，学社在 1940 年因战乱而迁至李庄时，已具备成果整理并注释《营造法式》的实力。梁思成很擅于在“史”与“论”之间找到平衡，他在做历史研究的同时会极大地关注当下中国社会的建筑问题。他有很多观念，不论是城市保护的观念，还是种种关于中国建筑走向的探索，都是立足于当下的。1945 年,在经过长时间的潜思后,梁思成在《中国营造学社汇刊》中发表了《中国建筑之两部“文法”课本》一文。他认为建筑就像语言，自有文法可循，研究中国建筑的前提是弄懂它的“文法”——《营造法式》与《工程做法则例》即是中国建筑的“文法”课本。在梁思成 1945 年完成的《中国建筑史》，以及 1946 年写成的英文著作《图像中国建筑史》中，我们都能看到建立在大量史料基础上的，以“文法”为主线的内在逻辑。在行文中，梁思成会像《史记》一样先描述一个客观事实，然后再加上一些想法和体会，以表达自己对中国建筑的认识等理论性思考。比如在《中国建筑史》中，当谈及中国的住宅时，梁思成写道:“我国对于居室之传统观念，有如衣服鲜求其永固，故欲求三四百年以上之住宅，殆无存者，故关于民居方面之实物，仅现代或清末房舍而已。全国各地因地势及气候之不同，其民居虽各有特征，然亦有其共征，盖因构架制之富于伸缩性，故能在极端不同之自然环境下，适宜应用。”

作为营造学社“文献组”的主任，刘敦桢对于史料的认真程度值得后继学者学习。刘敦桢老师曾说“孤例不为证”，他以自己的行动诠释出何谓严谨治学、精心考证。正如前文所说，建筑史论学科是一个需要终生投入的职业，对于大多数人而言，终生从事某种职业并非难事，而贵在投入。刘敦桢先生就做到了终生投入，他一生之中以史家的严谨、准确和真实，在历史文献和史料的搜集、整理、考订方面作出了巨大贡献，是“史考传统”在建筑史学中传承的典范。在他的著作中，我们可以发现刘先生不论是对“史”还是对“论”都是持之有据，并且从不轻下论断，“论”总是由“史”而出——这或许也是在其文章中很少能看到关于理论之内容的原因所在。

《苏州古典园林》[19]一书充分体现出了刘敦桢对“史”与“论”的纯熟把握。这本书汇集了大量珍贵史料，尽管作者在大多数的篇幅中都是以一种克制，或者说节制的姿态去描述事实，但“论”总会在最合适的位置,以最自然的方式出现。例如,在“叠山”这一章节，刘敦桢引经据典、论从史出地概述了自西汉以来我国的叠石造山之法，他写道:“我国自然风景式园林在西汉初期已有了叠石造山的方法。经过东汉到三国,造山技术继续发展。据《后汉书》记载,梁翼‘广开园囿、采土筑山，十里九坂，以象二崤山，深林绝涧，有若自然。’曹魏的芳林园具有‘九谷八溪’之胜。可见汉、魏间园林已不是单纯地模范自然,而是在一定面积内,根据需要来创造各种自然山景了。两晋、南北朝时，士大夫阶层崇尚玄学，虚无放诞，以‘逃避现实’，爱好奇石，寄情于田园、山水之间为‘高雅’。因而当时园林推崇自然野趣，成为一种风习。这是在汉魏园林的基础上，对自然山水进行了更多的概括和提炼,然后才逐步形成起来的。唐、宋两代的园林，由于社会经济和文化的发展，不但数量比过去增多，而且从实践到理论都积累了丰富的经验，同时还受到绘画的影响，使叠石造山逐步具有中国山水画式的特点，成为长期以来表现我国园林风格的重要手法之一。这样的假山，其组合形象富于变化，有较高的创造性，是世界上其他国家的园林所罕见的。这是由于古代匠师们，从无数实物中体会山崖洞谷的形象和各种岩石的组合，以及土石结合的特征，融会贯通，不断实践，才创造出雄奇、峭拔、幽深、平远等意境。”“不过叠石造山，无论石多或土多，都必须与山的自然形象相接近，这是它的基本原则。根据清代李渔《闲情偶寄》所载，‘余遨游一生，遍览名园，从未见盈亩累丈之山，能无补缀穿凿之痕，遥望与真山无异者。’清康熙《嘉兴志》也说，‘旧以高架叠缀为工，不喜见土。’可知清代初期的假山，因用石过多产生了若干奇矫而不自然的毛病。”在列举了现存明代以来江南园林实物中叠石的用石情况后，刘敦桢进而评论道："由此可见明万历以来四百年间，江南园林的假山以石多土少为其主流。不过这不等于说主流就是完美无缺点。相反，非主流亦有若干好作品，如苏州拙政园假山仅一处石多土少，其余三处皆石少土多，故能和池水、树木相配合，构成较自然的风景。"这种收放自如的"史"与"论"的关系，如果脱离了对文献的熟悉与理解是很难实现的。

童寯先生作为建筑师，有着强烈的时代意识，他在20世纪30年代的诸多会议上讨论过中国建筑应往何处去。《江南园林志》成书于童寯建筑创作的高峰期，此书很具代表性地显示了他在文献考据上的深厚功底。例如，在全书的开篇部分，童寯总结道："自来造园之役，虽全局或由主人规划，而实际操作者，则为山匠梓人，不著一字，其技未传。明末计成著园冶一书，现身说法，独辟一蹊，为吾国造园学中唯一文献，斯艺乃赖以发扬。造园一事，见于他书者，如癸辛杂识、笠翁偶集、浮生六记、履园丛话等，类皆断锦孤云，不成系统。且除李笠翁为真通其技之人，率皆嗜好使然，发为议论，非本自身之经验。能诗能画能文，而又能园者，固不自计成始。乐天之草堂，右丞之辋川，云林之清闷，目营心匠，皆不待假手他人者也。与计成同时之造园学家，则有明遗臣朱舜水。舜水当易代之际，逃日乞师，其志未遂。今东京后乐园，犹存朱氏之遗规。明之朱三松、清除张南垣父子、释道济、王石谷、戈裕良等人，类皆丘壑在胸，借成众手，惜未笔于书耳。"这段话言语精炼，文献的来龙去脉被交代得一清二楚。

《江南园林志》是童寯三十多岁时的著作，相比于他晚年的著作，比如《日本近代建筑史》和《西方近百年建筑史》[20]等，年轻时的童寯对于“论”是言之甚少的。1952年，童寯在其所属的建筑师事务所解散后就再也没有做过任何建筑设计，建筑教学和理论研究成了他生活的核心。童寯总会坐在南京工学院的外文期刊室里，像马克思当年写资本论那样，在那里阅读所有的书，很少会停下来。在那以后，童寯连续完成了好几部著作，尽管都不是“大部头”，但却每本都成了经典。老年的童寯言辞简练，纵贯中西，他会客观地陈述史实，也会谈及理论，关于“论”的思想与观点在文中时有出现。在童寯1979年完成的《近百年西方建筑史》中，我们可以看到他对传统史学中“论”的技巧的娴熟运用。当他在书中谈到柯布西耶时，他写道:“柯布西耶倔强孤僻，人把他比作刺猬。他不同于赖特，赖特虽也目空一切，但还是具有乡曲幽默与弹性……柯布西耶的特长是把复杂困难问题剖析成为简单基本提纲，有独到造型才能。不但他已做过的往往被人抄袭，他所设想将来有可能性的东西也免不了被人抢先利用。格罗皮乌斯称他是全才。”短短的一段话中有“史”有“论”，犀利地表达了常人好几段话也未必能说清的内容。这种文风不禁让人联想到司马迁在《史记》中的人物描摹手法。

4 结语

建筑史的理论存在两重性。作为一门学科，建筑史即是通过研究历史得出关于历史发展规律，以指导社会实践的理论，也是一种关于其本身的理论。史学研究似乎从来不是一蹴而就的，中国的传统学者自古以来不论是在研究还是在个人修为方面都很注重长时间的积累，这种长时间的自我“修炼”不约而同地塑造了传统史家儒学的习性和禅宗般的思维方式。集大成的学者往往都是在晚年，也就是“修炼”到相当程度后从个人的悟性当中获得某种启发和提示，成了我们所熟知的“一代宗师”和“大家”。他们的思想极具思辨性，极具哲思，极具中国的传统哲学思想理论，他们的思想孕育自一个非常痛苦与漫长的过程中。那么，对于当代的年轻学者而言，是否只有像前人那样，必须从这个过程做起，日积月累数十年，到了晚年才能体会到某种哲思的东西？我认为答案是值得怀疑的。在当下中西文化深度交流的理论环境下，前人的那种通过长时间修为而实现的思辨是可以用另外一种途径来获得的——这个途径就是对哲学的学习、认识与理解。哲学是古今中外人类所有智慧的终极指向，我们目前所拥有的系统的哲学理论、思想与方法建立在几千年来中西方哲人、大师们的不断探讨与追索之上。当下的学者如果能从位于知识最上层的哲学、社会科学等领域入手，迅速地掌握这些理论和方法，获取系统的知识和智慧，并同时建立起中国传统的修为方式，那就有望更早地领悟到历史学的智慧与思辨。

（本文由周琦、王真真合作完成，原载于《建筑师》，2016 年第 6 期）

注释

① 乐嘉藻（1867—1944 年），贵州黄平人。1893 年中举人，1895 年参与“公车上书”；后赴自费日留学、考察，归国后致力办学。1909 年当

选贵州省教育总会会长、贵州省咨议局首届议长；1915 年参加巴拿马万国博览会，促成茅台酒在会中获奖。后受徐悲鸿之邀，执教于京华美专；自编讲义，讲授中国建筑史。乐嘉藻早年即对中国建筑充满兴趣，并有心搜集、整理建筑史相关史料；《中国建筑史》（1933 年出版）是其历时十余年，在教学之余六易其稿编著而成的。乐嘉藻对中国建筑历史的阐释围绕着传统文字学、金石学、历史学、古文学、美学等方面。该书的出版在当时的中国社会产生了广泛的影响。

② 梁思成（1901—1972 年）曾撰《读乐嘉藻〈中国建筑史〉纰缪》（1934 年）一文，他在承认乐嘉藻之书是"中国学术界空前的壮举"后，紧接着表达了强烈的失望情绪。他评价说："此书的著者，既不知建筑，又不知史，著成多篇无系统的散文，而名之曰'建筑史'……诚如先生自己所虑，'招外人之讥笑'。"

③ 孔子（前 551—前 479 年），春秋末期鲁国人。孔子在晚年时期结束了周游列国推行政见的生涯，他回归故国，开始了对鲁国历史，即鲁国《春秋》的编纂。所谓"笔削"就是修改鲁史中他认为不合"微言大义"的部分，和删除无关"治道人伦"的部分。经孔子之手，鲁国《春秋》以其"微言大义"，婉转但暗含褒贬与倾向性的叙事模式，形成了被历代史家奉为经典文风的"春秋笔法"。

④ 司马迁（前 145—？），西汉时期史学家、文学家。

⑤ 例如在《史记·卷四十七 孔子世家第十七》中，描述了孔子的一生后，司马迁写道："太史公曰：《诗》有之：'高山仰止，景行景止。'虽不能至，然心乡往之，余读孔氏书，想见其为人。适鲁，观仲尼庙堂车服礼器，

诸生以时习礼其家，余低回留之不能去云。天下君王至于贤人众矣，当时则荣，没时已焉。孔子布衣，传十余世，学者宗之。自天子王侯，中国言‘六艺’者折中于夫子，可谓至圣矣！”

⑥ 司马光（1019—1086年），北宋政治家、史学家、文学家。

⑦ 摘自《资治通鉴》第三卷·周赧王五年。

⑧ 摘自《资治通鉴》第四卷·周赧王三十一年。

⑨ 王国维（1877—1927年），浙江海宁人，中国近代享有国际声誉的著名学者，学贯文史哲，生前著作六十余种，是中国史学史上划时代的人物。他最先将历史学与考古学相结合，确立了较为系统的近代史学标准及方法。王国维于1927年6月2日自沉昆明湖，死因至今未有定论。王国维的丧事为罗振玉所操办，一年后清华大学为其竖立纪念碑，碑的设计者为梁思成。

⑩ 郭沫若（1892—1978年），四川乐山人，中国新诗奠基人、历史剧开创人、考古学家、社会活动家。曾任中国政务院副总理，并长期担任中国科学院院长、中国文联主席等重要职位。

⑪ 罗振玉（1866—1944年），江苏淮安人，中国近代考古学奠基人，与王国维合撰《流沙坠简》（1914年出版）。

⑫ 朱启钤（1872—1964年），贵州开阳人，北洋政府官员，中国营造学社创始人、组织领导者。朱启钤于1919年在江南图书馆（现为南京图书馆）“发现”了《营造法式》，以后他的一系列活动都围绕着对这本书的解读，营造学社的成立也很大程度上出于这一意图。梁思成第一次接触到的《营造法式》也正是朱启钤1923年请陶湘（1871—1940年）组织包括

罗振玉在内的专家学者校勘出版的“陶本”《营造法式》。此书出版后，朱启钤将它送给了当时包括梁启超在内的众多文化名流。梁启超收到此书后，又于1924年将它寄给了在宾大留学的梁思成，并在随书而至的信中写道：“一千年前有此杰作，可为吾族之光芒也”。自此，梁思成便开始了持续终生的，以《营造法式》为核心的中国古代建筑研究。

⑬ 刘敦桢（1897—1968年），湖南新宁人。

⑭ 童寯（1900—1983年），满族，出生于沈阳市郊。

⑮ 童寯于1937年完成《江南园林志》书稿，梁思成与刘敦桢对之颇为推崇，营造学社原计划出版此书，但书稿却因战乱而损毁。营造学社于1940年将损毁的书稿归还童寯，直到1963年，《江南园林志》的第一版才由中国建筑工业出版社得以出版。

⑯ 冯友兰（1895—1990年），河南南阳人，中国著名哲学家、教育家，1924年获哥伦比亚大学哲学博士学位。《中国哲学简史》一书由其1947年受聘于宾夕法尼亚大学，讲授中国哲学史的英文讲稿整理而成，该书于1948年在美国出版。

⑰ 汪坦先生于1985年为中国建筑工业出版社计划出版的《建筑理论译文丛书》推荐了21本拟定书目，最终出版的有《现代建筑设计思想的演变——1750—1950》《现代设计的先驱者》《人文主义建筑学》《形式的探索：一条处理艺术的问题的基本途径》《建筑设计与人文科学》《建筑的复杂性与矛盾性》《符号·象征与建筑》《建成环境的意义：非语言表达方法》《建筑体验》《建筑学的理论和历史》《建筑美学》。

⑱ 梁思成对《营造法式》（成书于1100年）的编纂者李诫（1035？—

1100 年）推崇至极，他将自己同林徽因的结婚日期（1928 年 3 月 21 日）选在了李诫的忌日那天，并给自己的儿子取名为“从诫”。在营造学社时期，梁思成与刘敦桢共同参与了对《营造法式》文本的校勘、解读工作，这项工作于 1945 年学社解散后暂停。1950 年，清华大学曾内部刊行《宋 < 营造法式 > 图注》；1961 年，梁思成重启注释工作并成立研究小组；至 1966 年“文革”前夕，研究小组已完成大部分工作（此时梁思成受迫害，工作再被中止）；1972 年，梁思成去世，其助手继续此项工作，《< 营造法式 > 注释》最终于 2001 年在《梁思成全集》中出版。

⑲ 1960 年完成初稿，刘敦桢于“文革”期间去世，《苏州古典园林》一书最终由其学生及后人整理，于 1979 年由中国建筑工业出版社出版。

⑳ 这两本书为童寯病逝后出版，《日本近代建筑史》出版于 1983 年，《西方近百年建筑史》出版于 1986 年。

参考文献

[1] 王学典，陈峰 . 二十世纪中国史学 [M]. 北京：北京大学出版社，2009.

[2] 郭沫若 . 中国古代社会研究 [M]. 北京：商务印书馆，2011.

[3] 陈明达 . 中国建筑史学史（提纲）[J]. 建筑史，2009,（1）: 149.

[4] 童寯 . 江南园林志 [M]. 北京：中国建筑工业出版社，2014.

[5] 冯友兰 . 中国哲学简史 [M]. 北京：新世界出版社，2004.

[6] 梁思成 . 梁思成全集（第四卷）[M]. 北京：中国建筑工业出版社，2001.

[7] 刘敦桢 . 苏州古典园林 [M]. 北京：中国建筑工业出版社，2008.

[8] 童寯 . 近百年西方建筑 [M]. 南京：南京工学院出版社，1986.

形，说不可之说

在建筑设计阶段中，赋形（Form giving）往往是最为困难的一项任务，并且困难到难以说清楚。设计的各个环节都会与形式相关，不论是对建筑构件的细节推敲，还是对总图的宏观考虑，赋形问题始终是设计者的关切所在。过去在设计课上，老师改图时经常说赋形“只能意会，不能言传”——形式的问题既说不出，也说不清楚。对于这个问题，我思考了很多年，也阅读了一些相关书籍，最后发现这确实是个很难说清楚的问题。但尽管如此，还是有说的必要。

达·芬奇是一个集大成的天才式人物，他的兴趣涉及发明、绘画、雕刻、建筑、科学、音乐、数学、工程、解剖等众多领域，并且都颇有建树。达·芬奇一生中创作了许多种类的形式：建筑的形式、绘画的形式、雕塑的形式，但他却几乎没写过什么文章，也没有发表过任何著作。达·芬奇认为记忆是不可靠的，他习惯于随时记录眼前所见，他的笔记多达万页。我们所熟知的《达·芬奇笔记》与《哈默手稿》就来自于后人对他存世手稿的整理与出版[①]。达·芬奇的手稿中图文并茂地呈现了很多的“形式”，这些通过素描勾勒出的装置、设计、人体、解剖等图像即便用现代的标准来看，依然是精彩且极具启发性的，但达·芬奇却不敢发表手稿中的内容。达·芬奇是充满顾虑的，他表示自己不敢发表任何文章或者是写任何的东西，因为在他生活的那个年代不论是历史学家，还是建筑评论家，或者是美术评论家都是非常的严苛，他担心自己会受到这个群体的攻击，会被他们认为自己是画家，因而不具备谈论历史与理论的资格。也许是针对这一顾虑，达·芬奇在他的笔记中写道："Let no man who is not a Mathematician read the elements of my work." 也就是说，他将手稿潜在的读者限定为了数学家，而非历史学家或者其他的各种学家、评论家。达·芬奇的这种谨慎的态度非常有趣，也非常典型。

在有关"形式"的思维方面，我认为艺术是最高的一个层级，因为它是不可说的；某种事物或情感如果是可说的，那么就没有必要再用艺术去表达了。艺术思维与哲学思辨是两件不同的事情，哲学思辨可以说清楚，而艺术思维却总是徘徊于言外。我认为，设计是最高的一种思考方式，而"形式"又是设计的核心所在。

"形式"会牵扯到许多的问题。"形式"带有政治的属性，政治性是"形式"最为古老的属性之一，我们可以在中国古代的城市形制上，在皇城的空间形态中，感受到来自于"形式"的强烈的政治性。"形式"非常重要，重要到对于设计师（尤其是商业设计师）而言，项目或事业的推进是命悬于"形式"的。我们最近在和许多西方的大企业开展设计上的合作，发现这些西方的大型设计公司同样注重"形式"。比如英国的贝诺（Benoy）建筑设计公司，作为一家在商业建筑设计领域占据领先位置的设计公司，他们专门有一个团队，致力于搜集世界各地的“形式”，任何种类的商业形式与空间都属于他搜集的目标范畴。他们的“形式”功底深厚，具备强大的突破性，在中国的市场中可谓所向披靡，不论是在华南还是华北，似乎总能拿下心仪的项目。相比之下，我们的本土设计机构很难与之抗衡。

目前，中国的建筑设计机构也愈发关注设计师对“形式”的驾驭能力。一位曾在崔恺工作室实习过的学生曾分享过一段残酷但又现实的经历：他说中国建筑设计研究院的某次招聘中有一千余人报考，但录取的名额只有十个，当考试名次排列出来后，作为总建筑师的崔恺教授直接让工作人员将排名前十的快题设计拿给他看，以作最后取舍。可见，“形式”有时决定了一个好的岗位到底归谁所属。

“形式”在很多场合会很有趣，进而成为一种娱乐。“形式”有时还具备攻击性，一些“奇怪”的建筑会让体验它的人觉得自己遭受了冒犯。“形式”还与技术相关，比如中国的建筑形式，它们大部分是受技术的制约。造就“形式”的因素还有许多，社会、经济、文化、创新等都是不容忽视的“形式”变量。

中国建筑师在“形式”上一直有着稳定的心理直觉。不论是过去三十年以来，当代建筑师在创新的执念中拼命做出的各种夸张形式，还是过去一百年来，以杨廷宝、吕彦直、梁思成为代表的前辈建筑师，在救亡、复兴的使命中创造出的那些已被载入史册的形式，都表现出了稳定的形式感。我们的骨子里有一种很强大的东西，推动着我们的文化、传统世代传承、生生不息。当一个平稳运转了几千年的社会面临激变，被要求放弃过去的一切重新开始，被推向新的轨迹、追寻新的目标时，置身其中的人们必然会感受到艰难、惶恐与崩溃。这是中国社会近百年来无法回避的局面，而我们最近三十年来碰到的所有问题，无不是传统文化和现代文化的冲突、现代性的冲突、东西方文化的冲突的各种具体表现。

“形”的不可言说性早在三千多年前就被困惑的古人记载了下来。《易经》有云：“形而上者谓之道，形而下者谓之器。”这句话中国人都很熟悉，但却又一知半解，尤其是在近代以来它又通过“形而上学”这个译词同西方哲学理论发生了关联后。值得注意的是，这段话在解释了何谓“形而上”、何谓“形而下”后便转移了话题，前后都未提“形”是什么。“形而上”很抽象，是未成形的事物，不可见的法则。“形而下”是已成形事物，可见的器用之物。“形而上”与“形而下”在现实中很难孤立于彼此而存在。在中国人最实用的“器”中（图 1），我们可以发现，尽管历经几千年的发展演变，不同年代的器物间依然可以让人找到形式上的共性，或者一种稳定不变的内在基因。“形”在“形而上”与“形而下”的统一中若隐若现。

建筑学中的“形”也很难被说清楚。在教学中，老师可以启发学生“创造”出各种奇形怪状的形式，做出异想天开的装置，但到了实际操作的环节，当学生们面对真实的项目时，对“形”的把握便立刻出现了落差。在梁思成、杨廷宝和童寯初涉建筑的年代，建筑学是“即学即用”的。梁思成在宾夕法尼亚大学建筑系花了三年

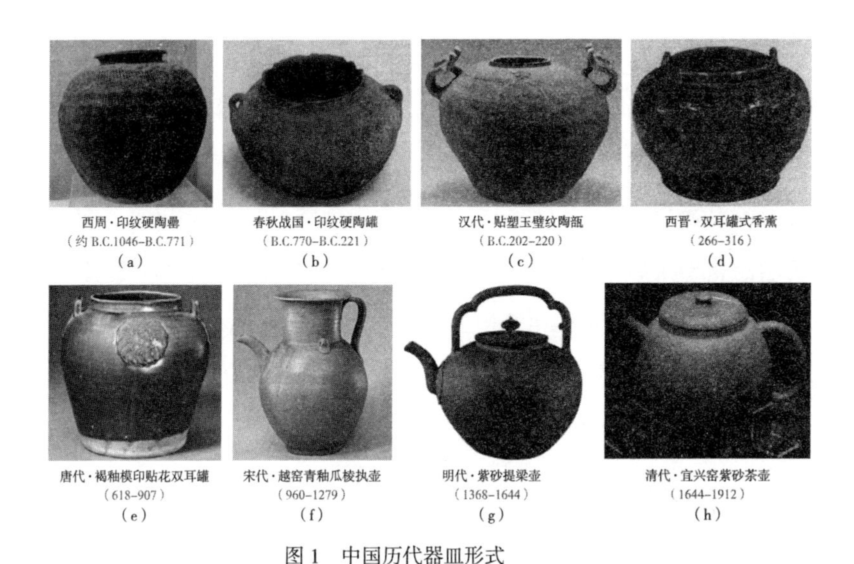

西周·印纹硬陶罍（约B.C.1046–B.C.771）(a)　春秋战国·印纹硬陶罐（B.C.770–B.C.221）(b)　汉代·贴塑玉璧纹陶瓿（B.C.202–220）(c)　西晋·双耳罐式香薰（266–316）(d)

唐代·褐釉模印贴花双耳罐（618–907）(e)　宋代·越窑青釉瓜棱执壶（960–1279）(f)　明代·紫砂提梁壶（1368–1644）(g)　清代·宜兴窑紫砂茶壶（1644–1912）(h)

图1　中国历代器皿形式

的时间完成了本科与硕士阶段的学习，1927年毕业后又去哈佛大学学习建筑史，与林徽因成婚并共赴欧洲参观古建筑；1928年8月回国后立刻投入工作，创建了东北大学建筑系，设计与学术同步推进，还测绘了大量中国古建筑。梁思成在宾夕法尼亚大学接受的是布扎体系（Beaux–Arts）的建筑教育模式，布扎体系非常注重培养学生的美术功底。在梁思成绘制的中国古建筑测绘图纸中，我们可以从那些历经千年、百年的传统建筑上，捕捉到来自于布扎体系的绘图技巧，感受到中国传统建筑与西方学院派绘图技巧在中国人的绘图笔下相遇时的那份惊奇。

当时，几乎全美国的建筑教育都是采用布扎体系，梁思成接受的那三年建筑训练非常有现实意义。在建筑学上，“形”终归还是要落地的，尽管在课程训练中“形”可以超越各种限制，游走于抽象与具体间，但在自然面前“形”总是要摆出谦逊的姿态。中国人很早就意识到自然是很不友好的，老子在《道德经》中写道：“天地不仁，以万物为刍狗：圣人不仁，以百姓为刍狗。”几千年以来，在与自然的这种微妙关系中，中国人逐渐在心里塑造出一个非常稳定的“形式”，并将其投射到生活中的各类器物上，以助它们立足于自然。传统的“心理形”对每个中国人而言都是不可或缺的，然而当代人却找不到它了。“心理形”迷失在了过去一百年来的“翻天覆地”中。现在很多人都在找它，但也许还要经过好几个百年的搜寻，我们才能重新拥有它。

中国人和自然的关系一直都很稳定。在两千多年的时间里，我们的器皿没有发生太大的变化，不论是西周的陶土罐，还是晚清时期的紫砂壶，它们在形式上未发生本质变化。在近代以前，作为人与自然间的媒介的建筑也没有发生太大变化，不论是工匠做的“形”，还是文人做的“形”（比如苏州古典园林中文人园林），都反映出了同一种成熟、稳定的“心理形”。中国的文字同样也遵循着这种发展关系。从最早的甲骨文，到随后产生的秦篆、汉隶、魏碑、晋行草、唐楷、宋行书等字体，其内在之“形”也是稳定的。一百多年前的战争摧毁了传统的强势性，战败是最雄辩的批判，人们开始相信这个被恪守了千年的传统存在问题。而现在国力强大了，我们又有了向传统回归的信心。在过去，士大夫阶层中的人没有一个是脱离“形式”的，琴、棋、书、画是文人必备的修养。书法与绘画间没有明确的界限，并且在美感与形式上一脉相承。

“进化”“模仿”与“传承”是中国传统“形式”的三个特点。同生物学上的进化一样，中国传统“形式”的进化是一个缓慢的演化过程。建筑上的“进化”也是缓慢的，它是一种与生活相适应的过程。所有涉及“赋形”的进化都很缓慢，文字、器皿、建筑、雕塑等形式没有一样是一蹴而就的。漫长的“进化”过程中包含日复一日，年复一年的“模仿”与“传承”，它们叠加在一起，最后就成为我们视为经典的传统。我们会由衷地感叹古代的“形式”之美，相比之下，当代那些新生的“美”多少有些单薄。我们花一两个月，为设计竞赛而创作的“形”，确实很难与进化了几千年的“形”相抗衡。

“模仿”与“传承”也是中国人掌握书画的主要方式。临帖既是大多数人学习书法的第一课，也是从“入门”通往“卓越”的必由之路。绘画的训练也离不开对经典画作的临摹。《芥子园画谱》自成书以来的三百多年，一直是历代习画者用于学习、临摹的必备书籍。它的创始人李渔（1611—1680年）希望填补山水画教学的空白，将山水画的创作技法传承于世人。李渔本人并非画家，他对于《芥子园画谱》所作的贡献在一定程度上类似于朱启钤在中国营造学社所发挥的作用。在决定要帮助更多人掌握山水画技法后，李渔很快便组织了团队，开展画谱的编辑工作。《芥子园画谱》中的画稿来源于对历代名家画作中各种元素的临摹与提炼，它本身即是一种“模仿”与“传承”（图2）。在名家真迹难得一见的时代，《芥子园画谱》为绘画的传承提供

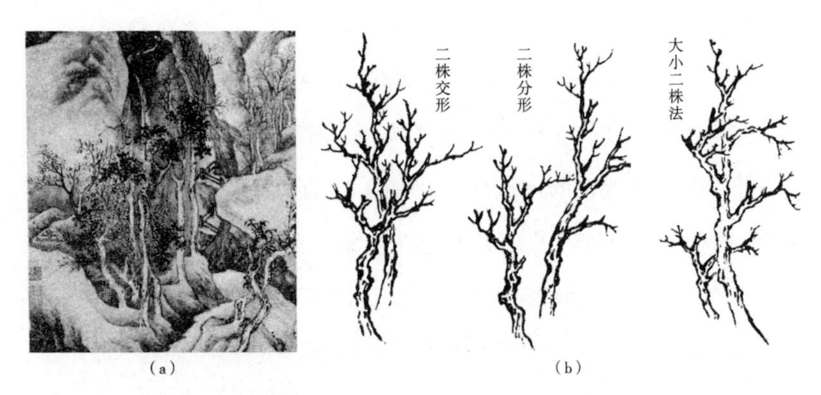

图 2 《春山伴侣图》（局部）中的树与《芥子园画谱》中的树

了持久地动力。

齐康老师在钢笔画上功底深厚，他的水墨渲染技术常常引来学生的惊叹。齐老师出自南京的一个传统士大夫家族，他的父亲齐兆昌毕业于康奈尔大学，在南京设计了包括圣保罗教堂在内的多个标志性建筑。齐老师说他父亲在他很小的时候就开始引导他临摹《芥子园画谱》，他临摹过上百幅的《芥子园画谱》，临摹是他最早接触的"形式"训练。《唐诗三百首》的编者蘅塘退士（1711—1778 年）在书中作序道："熟读唐诗三百首，不会吟诗也会吟"，我认为这句话不仅概括了中国人学诗的方式，同时也是对我们在书法、绘画等领域中"模仿""传承"与"进化"这三种属性的精辟比喻。

在 20 世纪 20 年代，勒·柯布西耶开始设想是否能在他生活的那个时代找到一种兼具稳定、持续、可把握、可流传、可教、可意会等特征的"形式"以供人使用。柯布西耶早年在他家乡的一所美术中专接受过短暂的艺术教育，随后游学欧洲，实地考察了大量古典建筑。柯布西耶有着强烈的批判精神，他一直在批判并且心怀理想。在探寻稳定形式的过程中，柯布西耶从他见过的那些古典建筑中整理出一套抽象的语言体系（图 3）。尽管这套由几何图像构成的语言体系源生自历史建筑，但它在气质上却与其“母体”截然不同。可以说，柯布西耶从古典建筑中捕捉到了现代建筑的精髓，这套语言体系代表了一种根植于整个西方一百多年来的现代建筑中的稳定“形式”。

遗憾的是，中国人可能已经无暇学习这种稳定“形式”了。时代极速前进，在我们普及现代建筑的时候，又忽然和后现代建筑以及各种经济形式不期而遇。人们一时无法理解到底发生了什么。时至 20 世纪 80 年代晚期，现代与后现代的冲突愈演愈烈，迈克·格雷

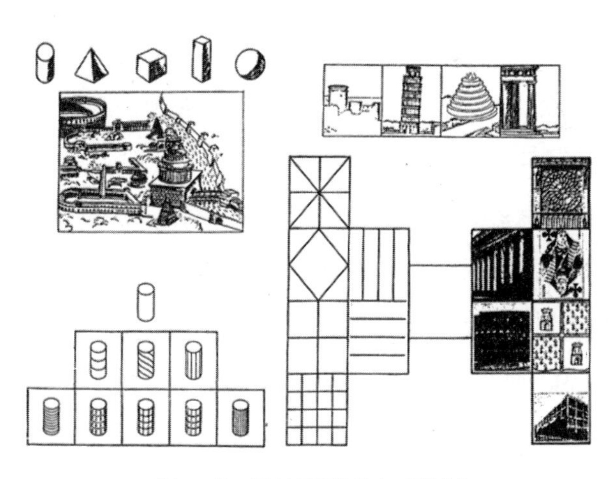

图 3　勒·柯布西耶的稳定“形式”

图 4　迈克·格雷夫斯的稳定“形式”

夫斯（Michael Graves，1934—2015 年）提出后现代文化需要一种具象，他认为柯布西耶的抽象“形式”已然不合时宜。格雷夫斯曾在意大利的罗马美国学院（American Academy in Rome）访问、学习了一年多的时间（1960—1962 年），他同柯布西耶一样，对西方古典建筑颇有研究。同样也是基于对古典建筑的归纳、整理，格雷夫斯为后现代主义建筑量身定做出了一套具象的语言体系（图 4）。这一体系也代表了后现代主义建筑中的稳定“形式”。

达·芬奇、勒·柯布西耶与迈克·格雷夫斯分属于西方文化中的三个不同时代，他们跨越了六个世纪，却都在表达同一件事情——“形式”，或者说一种稳定的、可传承的“形式”。我们也需要找到这种稳定的“形式”，从混乱中回归秩序。当前不仅仅是中国，全世界都处在混乱的局面中，承受着由混乱而产生的各种严峻问题。形式感并未从我们的意识中绝迹，在许多卓越的当代建筑师、建筑学人心中，形式感尤为强烈。我们这代人需要发掘出一种稳定的形式，尽管过程必定漫长且充满艰辛，但我们有责任去这样做。

注释

① 达·芬奇（Leonardo da Vinci，1452—1519 年）手稿目前有五千余页存世，《达·芬奇笔记》（The Notebooks of Leonardo Da Vinci）最初由法国出版商拉斐尔·杜弗里森（Raphael TrichetDufresne，1611—1661 年）整理并于 1651 年出版。《哈默手稿》（The Codex Hammer）又名《莱斯特手稿》（Codex Leicester），是达·芬奇于 1506 年至 1510 年间在米兰完成的，连续的 72 页手稿。该手稿先后在 1719 年和 1980 年被莱斯特伯爵（Earl of Leicester，1697—1759 年）和阿曼德·哈默（Armand Hammer，1898—1990 年）购得，因此被按照所有权人名进行命名。比尔·盖茨（Bill Gates，1955—）自 1994 年起成为《哈默手稿》的新主人，但他并未将其易名为《盖茨手稿》，而是恢复了《莱斯特手稿》这一名称。

参考文献

[1] Leonardo Da Vinci. The Notebooks of Leonardo Da Vinci[M].Project Gutenberg eBook，2004.